Karim Morsy

Ecossistemas dependentes de águas subterrâneas em regiões áridas

Karim Morsy

Ecossistemas dependentes de águas subterrâneas em regiões áridas

Revelar o papel das barragens na recarga sustentável das águas subterrâneas e na melhoria da saúde dos ecossistemas

ScienciaScripts

Imprint

Cover image: www.ingimage.com

This book is a translation from the original published under ISBN 978-3-659-87137-5.

Publisher:
Sciencia Scripts
is a trademark of
Dodo Books Indian Ocean Ltd. and OmniScriptum S.R.L publishing group

120 High Road, East Finchley, London, N2 9ED, United Kingdom
Str. Armeneasca 28/1, office 1, Chisinau MD-2012, Republic of Moldova, Europe
Managing Directors: Ieva Konstantinova, Victoria Ursu
info@omniscriptum.com

Printed at: see last page
ISBN: 978-620-8-57374-4

Sobre o autor

Karim Morsy nasceu no Cairo - Egito. Estudou na Universidade do Cairo, no Egito, onde concluiu com êxito a licenciatura em Engenharia Civil e o mestrado em Recursos Hídricos. Como académico, prosseguiu os seus estudos de pós-graduação na UNESCO-IHE em Delft, com um mestrado em Ecohidrologia, concluído em 2015. Ele também é LEED® GA da organização USGBC.

Adquiriu a sua experiência em engenharia ambiental, eco-hidrologia, sustentabilidade e coordenação de projectos em mega-projectos de construção de alto nível, especialmente na construção industrial e de infra-estruturas. Ao longo da sua carreira, teve a sorte de ter viajado e recolhido uma vasta experiência em diferentes escolas de todo o mundo, o que lhe permitiu adquirir uma grande quantidade de competências transversais e transversais, criando uma polivalência interessante no seu perfil.

Participou também em várias conferências internacionais eco-hidrológicas, como a Ecohydrology 2015 - Measuring, Modeling and Managing of the natural processes related to water flows. Social values of the linked ecosystem services", que teve lugar em Lyon, França, entre 21 e 23 de setembro de 2015, bem como o Simpósio Internacional "Ecohydrology, Biotechnology and Engineering: Rumo à harmonia entre a biogeosfera and Society on the basis of Long Term Ecological Research", que teve lugar em Lodz, na Polónia, em 2013.

Resumo

Os ecossistemas dependentes das águas subterrâneas, no que diz respeito à recarga das águas subterrâneas, são atualmente objeto de questionamento, especialmente se a proteção ambiental puder ser exagerada. Esta investigação é conduzida em resposta à crescente preocupação com declínios potencialmente insustentáveis do nível das águas subterrâneas, subsidência local e degradação do ecossistema dependente das águas subterrâneas em muitas bacias e ao reconhecimento comum de que são necessárias mais acções para promover e alcançar a sustentabilidade das águas subterrâneas em toda a região árida de WadiWatir. O seu objetivo é estimar as taxas de recarga com base no conhecimento atual para dois cenários diferentes usando os programas Hydrus e GIS: (a) o primeiro cenário é simular o processo de recarga das águas subterrâneas em condições normais, e (b) o segundo cenário é simular o processo de recarga das águas subterrâneas tendo em conta o efeito das estruturas de barragem (por exemplo, estruturas de captação de água) localizadas nas saídas das principais sub-bacias.

O estudo inclui uma avaliação do ecossistema para examinar as ligações existentes entre os sistemas ecológicos, as estruturas e a sustentabilidade da água. A compreensão da interligação entre o ecossistema e os benefícios humanos é fundamental para o desenvolvimento de uma avaliação, metodologia e política eficazes para alcançar a sustentabilidade dos recursos hídricos e uma melhor saúde e serviços do ecossistema. A necessidade de avaliar os efeitos da variabilidade da geologia, do clima, do biota, do ecossistema e das actividades humanas na disponibilidade da água. medida que aumentam as preocupações globais com os recursos hídricos e o ambiente, torna-se cada vez mais evidente a importância de considerar as águas subterrâneas e superficiais como um único recurso. De um modo geral, as recomendações apelam a uma intervenção imediata para estudar a análise de cenários e os impactos necessários para prever o comportamento da recarga no futuro, de modo a obter uma gestão eficaz das águas subterrâneas e um ecossistema saudável.

Agradecimentos

Uma das alegrias da conclusão é olhar para o percurso passado e recordar todas as pessoas que me ajudaram e apoiaram ao longo deste longo mas gratificante caminho.

Gostaria de expressar a minha sincera gratidão ao Prof. Micheal McClain, o meu supervisor. Micheal McClain, o meu orientador. Não podia ter pedido um modelo melhor, um carácter inspirador, solidário e paciente como ele. Não podia estar mais orgulhoso das minhas raízes académicas e espero poder, por minha vez, transmitir os valores da investigação e os sonhos que ele me transmitiu. O Prof. McClain orientou-me na direção certa para atingir os objectivos da investigação de forma eficiente. Duvido que alguma vez seja capaz de transmitir plenamente o meu apreço, mas devo-lhe a minha eterna gratidão.

Um agradecimento muito especial para o Prof. Ahmed Hassan, Mentor. O Prof. Hassan é o professor que realmente fez a diferença na minha vida. Foi sob a sua tutela que desenvolvi um foco e me interessei pela visão e pelos factores humanos. Ele deu-me orientação e apoio técnico. Foi através da sua persistência, compreensão e bondade que completei o meu estudo.

Os meus profundos agradecimentos vão também para todos os professores e técnicos de eco-hidrologia que encorajaram e apoiaram o meu espírito em momentos de necessidade crítica. Gostaria também de agradecer aos meus queridos colegas do Mestrado em Ecohidrologia do Erusmus Mundus, pelos nossos debates frutuosos, trocas de conhecimentos, competências e desabafos de frustração durante o meu programa de pós-graduação, que ajudaram a enriquecer a experiência.

Não teria contemplado este caminho se não fosse a minha mulher, Hend. Ela incutiu em mim o amor pelas actividades criativas, pela ciência e pela linguagem, e tudo isso encontra um lugar neste trabalho. À minha mulher, obrigado.

ÍNDICE DE CONTEÚDOS:

CAPÍTULO 1 5

CAPÍTULO 2 12

CAPÍTULO 3 19

CAPÍTULO 4 24

CAPÍTULO 5 32

CAPÍTULO 6 39

CAPÍTULO 7 47

Abreviaturas

GDE	Groundwater Dependent Ecosystem.
GIS	Global Information System.
GWT	Groundwater Table.
SWB	Soil Water Balance.
SMD	Soil Moisture Deficit.
IWRM	Integrated Water Resource Management.
FAO	Food and Agriculture Organization.
TDS	Total Dissolved Solids.
OECD	The Organization for Economic Cooperation and Development.
WFD	Water Framework Directive.
GWD	Groundwater Directive.
WT	Wetting Threshold method.
CRD	Cumulative Rainfall Departure.
Acorr	Corresponding Area in m^2.
Wv	Required water per vegetation.
Wt	Total Water required in m^3/d.
Peff	Effective Precipitation

Lista de símbolos

h	positive pressure head.
q	Discharge rate.
V	Volumetric overflow.
A	Cross Section Area.
t	Time.
K	Hydraulic conductivity of soil.
Ks	Saturated hydraulic conductivity.
H	Total potential head.
z	Elevation.
θ	Moisture content.
θr	Residual water content.
θs	Saturated water content.
D	Diffusion coefficient.
α	Inverse of the air entry value.
l	Pore connectivity parameter.
n	Pore size distribution index.

CAPÍTULO 1

Geral

As águas subterrâneas são a principal fonte de água no Sinai. Uma gestão eficiente deste recurso requer um bom conhecimento do seu estado. Este conhecimento requer uma caraterização das quantidades utilizáveis e das qualidades correspondentes.

Esta investigação é conduzida em resposta à crescente preocupação com o declínio potencialmente insustentável do nível das águas subterrâneas, com a subsidência local e com a degradação do ecossistema dependente das águas subterrâneas em muitas bacias e com o reconhecimento comum de que são necessárias mais acções para promover e alcançar a sustentabilidade das águas subterrâneas em todo o WadiWatir.

As águas subterrâneas representam quase 70% de toda a água doce do mundo, sendo que apenas 0,2% se encontra em lagos, ribeiros ou rios e 30% está congelada sob a forma de neve e gelo nas montanhas e nas regiões polares.

Uma vez que os rios e os lagos tendem a ser alimentados por águas subterrâneas, não é exagerado dizer que quase toda a água que utilizamos na agricultura, na indústria e para fins domésticos é água subterrânea ou teve origem em águas subterrâneas numa determinada fase do ciclo da água (UK Groundwater Forum, 2004). Além disso, na maior parte do mundo, o ecossistema está dependente das águas subterrâneas para a sua nutrição.

Este estudo tem como objetivo estimar as taxas de recarga para dois cenários diferentes: (a) o primeiro cenário consiste em simular o processo de recarga das águas subterrâneas em condições normais, sem o efeito de quaisquer estruturas artificiais, e (b) o segundo cenário consiste em simular o processo de recarga das águas subterrâneas tendo em conta o efeito de estruturas de captação de água, tais como barragens localizadas nas saídas das principais sub-bacias.

Além disso, uma avaliação do ecossistema examina as formas como são feitas as ligações entre serviços, funções, estruturas ecológicas e sustentabilidade da água, considerando o que se sabe sobre as relações entre a biodiversidade e os serviços do ecossistema; e revê as abordagens actuais para a avaliação dos serviços do ecossistema e da saúde, bem como compreende melhor as barreiras ao progresso futuro.

A metodologia aqui utilizada para avaliar a saúde do ecossistema baseia-se em experiências anteriores relatadas na literatura publicada e nos dados/informações específicos do local recolhidos junto dos habitantes locais e das autoridades competentes.

As caraterísticas hidrológicas da bacia hidrográfica de Wadi Watir são determinadas com base na análise de imagens de satélite com o objetivo de quantificar as zonas de recarga de águas subterrâneas em Wadi Watir, Sinai, utilizando o pacote Hydrus e o SIG e de conseguir uma recolha de água adequada.

O papel dos dados de satélite neste estudo, juntamente com os dados de campo, na localização dos locais favoráveis para as barragens é o de fornecer uma perspetiva sobre uma vasta área que facilita a sua cartografia e análise. São realizados diferentes cenários e análises de impacto para prever o comportamento da recarga no futuro, a fim de obter uma modelação e gestão eficazes das águas subterrâneas e melhorar a saúde do ecossistema dependente das águas subterrâneas.

A quantificação da taxa de recarga natural das águas subterrâneas é um pré-requisito básico para uma gestão eficiente das águas subterrâneas. É particularmente importante em regiões com grande procura de abastecimento de água subterrânea, onde esses recursos são a chave para o desenvolvimento económico (Kumar, 2003).

Com o aumento da procura de água, é importante considerar formas de aumentar a recarga das águas subterrâneas. Com a seca a ameaçar os níveis de abastecimento de água, a quantidade de água disponível torna-se uma preocupação. Em geral, o desenvolvimento dos terrenos continua a aumentar, o que, por sua vez, leva a uma diminuição da área de superfície terrestre permeável disponível para recarga natural (Artificial Recharge of Groundwater, 1997).

1.1 Descrição da área de estudo

A zona do delta de WadiWatir situa-se na parte a jusante de WadiWatir, na parte sudeste da Península do Sinai, no Egito, entre 34° 38' e 34° 41' de longitude leste e 28° 57' e 29° 03' de latitude norte. A sua bacia hidrográfica tem uma área de 3440 km^2 e é caracterizada por fenómenos hidrológicos especiais, como nascentes e infiltrações, que são efetivamente controlados por alguns aspectos estruturais. A rede de drenagem de WadiWatir é muito afetada pelos lineamentos Norte-Sul, Nordeste-Sudoeste e Noroeste-Sudoeste.

O Sinai insere-se na região árida e semi-árida, caracterizada por padrões de precipitação imprevisíveis, por vezes de elevada intensidade, curta duração e distribuição irregular. No Egito, a distribuição da precipitação varia consideravelmente de um ano para o outro, com um volume médio anual de precipitação variável. O Sinai está a passar por um desenvolvimento crescente e necessita de uma avaliação precisa dos seus recursos hídricos.

Por conseguinte, este estudo tem por objetivo investigar a modelação da bacia hidrográfica do Sinai no que diz respeito à sua meteorologia, geomorfologia, geologia e hidrologia, bem como estudar os seus impactos no ecossistema dependente das águas subterrâneas. No capítulo 3, são ilustradas as caraterísticas gerais e as caraterísticas pertinentes à água dos wadi. Estas caraterísticas incluem os distritos, a população, a geografia, a topografia, a ecologia, o clima e os recursos hídricos.

1.2 Objectivos da investigação

O principal objetivo desta investigação é fornecer uma estratégia para avaliar a sustentabilidade da utilização das águas subterrâneas e o efeito da variabilidade do nível das águas subterrâneas nas condições do ecossistema. Este objetivo principal pode ser dividido nos seguintes itens:

a. Avaliar o papel das barragens no aumento da quantidade de recarga das águas subterrâneas e desenvolver estratégias de gestão para um funcionamento optimizado das barragens.

b. Identificar e envolver as partes interessadas envolvidas e o seu papel, influência, dependência e eficácia.

c. Fornecer um indicador para avaliar o estado de saúde do ecossistema e as principais alterações ambientais.

d. Estimar a recarga das águas subterrâneas e obter cartografia para uma melhor gestão dos aquíferos subterrâneos, fornecendo informações para a utilização sustentável dos recursos hídricos subterrâneos e melhorando a saúde dos ecossistemas dependentes das águas subterrâneas.

e. Investigar uma informação de base relacionada com o ecossistema em WadiWatir para servir de referência/guia de comparação no futuro.

f. Identificar os principais factores de mudança do ecossistema, áreas de deterioração ambiental e como implementar métodos de reconstrução.

g. Introduzir políticas e estratégias alternativas a nível local que garantam uma gestão completa para alcançar um desenvolvimento sustentável e uma melhor saúde e serviços ecossistémicos.

1.3 Potencialidades de investigação

a. A principal contribuição deste estudo é fornecer uma estratégia para a utilização sustentável das águas subterrâneas e alcançar melhores condições do ecossistema, estimando as taxas de recarga para diferentes cenários em bWadiWatir. Isto é útil para gerir e planear os recursos hídricos na região e controlar a quantidade de extração ilegal de água, bem como os impactos no ecossistema dependente.
b. Aumentar a recarga artificial das águas subterrâneas. O armazenamento de águas superficiais em bacias de armazenamento subterrâneas é necessário para otimizar a utilização dos recursos hídricos limitados e altamente variáveis do Estado.
c. Esta investigação fornece aos decisores a informação necessária sobre a situação atual da recarga natural das águas subterrâneas e as condições actuais do ecossistema, para apoiar as suas decisões de implementação de projectos de recarga artificial para aumentar o armazenamento estratégico de água
d. O estudo ajuda a definir os critérios para a taxa de extração segura do aquífero de águas subterrâneas para alcançar o rendimento seguro necessário para a sobrevivência dos ecossistemas de águas subterrâneas
e. O estudo é útil para otimizar a conceção de estruturas de proteção contra inundações e de sistemas de drenagem (superficiais e subterrâneos), bem como para planear a aplicação das melhores práticas de gestão, a fim de obter melhores esquemas de gestão da água.

1.4 Metodologia

A metodologia seguida nesta investigação está dividida em três fases consecutivas, como se segue:

- Fase 1: Revisão da literatura e recolha de dados;
- Fase 2: Avaliação dos ecossistemas dependentes das águas subterrâneas GDEs e;
- Fase 3: Modelação e análise de cenários.

O fluxograma seguinte ilustra as diferentes fases da investigação.

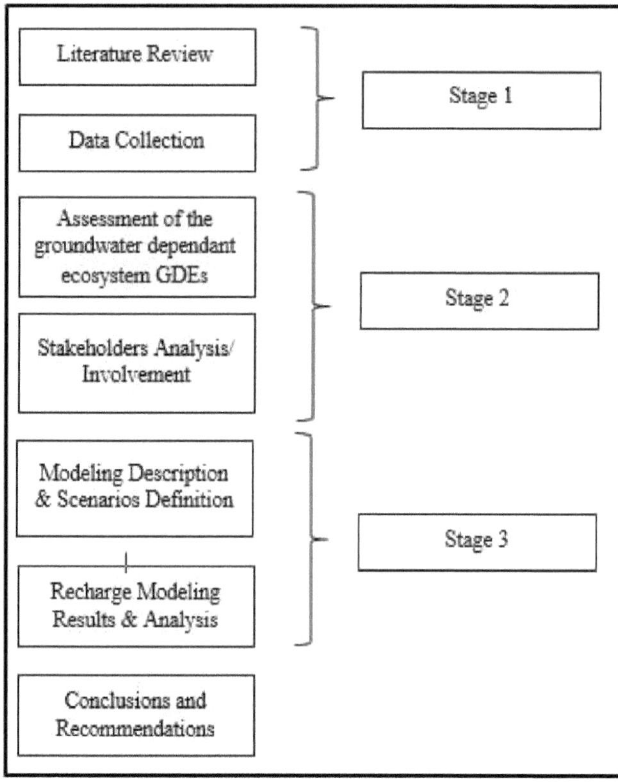

Figura 1.1 Etapas da metodologia de investigação proposta

1.4.1 Fase 1: Revisão da literatura e recolha de dados

A fase 1 baseia-se na recolha de alguma da literatura anterior relacionada com os interesses de investigação, bem como de todos os dados necessários.

Revisão da literatura. É feita uma revisão de alguma da literatura relacionada com o conhecimento atual da estimativa da recarga das águas subterrâneas utilizando o pacote Hydrus e modelos SIG, os impactos da insuficiência das águas subterrâneas nos ecossistemas dependentes das águas subterrâneas e as opções de adaptação para as melhores práticas de gestão. Especialmente quando as variações da precipitação já têm impacto nestes ecossistemas, alterando a recarga das fontes de água subterrânea e pondo em perigo a sobrevivência das comunidades biológicas e perturbando os principais processos biológicos. A revisão apresenta estudos semelhantes realizados a nível local e global, bem como as preocupações eco-hidrológicas sobre os ecossistemas dependentes de águas subterrâneas.

Recolha de dados. Os dados recolhidos para o WadiWatir, localizado no sul do Sinai, serão descritos. A descrição da área de estudo e a recolha de dados necessários tiveram lugar nesta fase para identificar as principais caraterísticas desta área, tais como a ecologia da área, a topografia do terreno, os dados geológicos, a classificação do solo, os dados meteorológicos, a utilização do terreno, os eventos de precipitação, os dados de extração de água, a localização da vegetação e os futuros projectos de expansão propostos em . Estes dados serão organizados e ordenados de uma forma especial para servirem de dados de entrada da metodologia de modelação.

Vale a pena mencionar que alguns dos dados são recolhidos através de uma visita ao local no terreno e com base em medições reais. O SIG e as imagens de satélite também desempenham um papel importante na obtenção e análise de alguns dos dados necessários, tais como a delimitação da área e da bacia hidrográfica, a utilização do solo e a topografia.

1.4.2 Fase 2: Avaliação dos GDE do ecossistema dependente das águas subterrâneas

A Fase 2 apresenta a metodologia de avaliação dos GDEs do ecossistema dependente de águas subterrâneas. A avaliação nesta pesquisa é uma avaliação comunitária feita com base na análise das partes interessadas e nas melhores práticas adequadas às condições da área.

A avaliação examina as ligações entre serviços, funções, sustentabilidade ecológica, estrutural e hídrica, tendo em conta o que se sabe sobre as relações entre a biodiversidade e os serviços ecossistémicos; e analisa as abordagens actuais para a avaliação dos serviços ecossistémicos e da saúde, bem como compreende melhor os obstáculos ao progresso futuro.

Eamus et al. (2006) estudaram uma metodologia funcional para determinar o regime de águas subterrâneas necessário para manter a saúde do ecossistema dependente de águas subterrâneas. É extremamente difícil passar desta realização teórica para o fornecimento e implementação de um regime de gestão no terreno. O autor definiu a sua metodologia com base nas quatro questões seguintes: (1) Como identificar os GDEs no terreno; por outras palavras, que espécies ou conjuntos de espécies ou habitats dependem de um abastecimento de água subterrânea para a sua persistência na paisagem; (2) que regime de águas subterrâneas é necessário para assegurar a persistência de um GDE; (3) como podem os gestores de recursos naturais (principalmente água e habitats), com tempo, dinheiro e outros recursos limitados, gerir com sucesso os GDEs; e (4) que medidas da função do ecossistema podem ser monitorizadas para assegurar que a gestão é eficaz? (Eamus et al., 2006).

1.4.3 Fase 3: Desenvolvimento e análise de modelos

A fase 3 apresenta uma descrição dos programas utilizados, Hydrus e GIS, bem como o objetivo da escolha destes programas. A metodologia da parte de modelação baseia-se principalmente na verificação da eficiência da recarga de águas subterrâneas com e sem barragens e o seu efeito na saúde dos GDEs. O desenvolvimento e a aplicação da modelação da recarga têm sido uma pedra angular da investigação hidrológica durante muitas décadas. Em geral, o objetivo do desenvolvimento destes modelos tem duas vertentes. O primeiro é fazer avançar a nossa compreensão e o estado dos conhecimentos sobre os processos hidrológicos. O segundo é fornecer soluções práticas para muitos dos problemas ambientais e de gestão dos recursos hídricos com eles relacionados.

O papel da modelação neste estudo é estimar as taxas de recarga para dois cenários diferentes: (a) o primeiro cenário consiste em simular o processo de recarga das águas subterrâneas em condições normais sem o efeito das estruturas da barragem, e (b) o segundo cenário consiste em simular o processo de recarga das águas subterrâneas tendo em conta o efeito das estruturas da barragem localizadas nas saídas das principais sub-bacias. Durante as cheias repentinas e as fortes tempestades, todas estas bacias hidrográficas descarregam numa das estradas mais importantes da zona, causando danos e erosão, o que leva, consequentemente, à redução do transporte para esta zona em particular e para a parte oriental do Sinai em geral. Entretanto, verificou-se que a saúde dos GDEs não é muito saudável devido à insuficiência de água.

Este modelo ajuda a estimar a quantidade de água utilizada pelas GDEs e a verificar se é suficiente ou não, comparando os níveis de humidade do solo na rizosfera com e sem a presença de recarga de água subterrânea. Os modelos de água subterrânea são programas de computador de sistemas de fluxo de água subterrânea para a estimativa do fluxo e da carga de água subterrânea. Devido aos pressupostos simplificadores incorporados nas equações matemáticas e às muitas incertezas nos valores dos dados requeridos pelo modelo, um modelo deve ser visto como uma aproximação e não como uma duplicação exacta das condições de campo. Assim, esses modelos fornecem estimativas aproximadas, mas são ferramentas de investigação úteis. O início do modelo requer alguns dados hidrológicos, parâmetros hidráulicos, condições iniciais e de fronteira. A entrada é geralmente o influxo para o aquífero ou a quantidade de água infiltrada que irá percolar para o lençol freático como recarga, que varia temporal e espacialmente. A topografia, a espessura das camadas do solo e do aquífero e a sua condutividade hidráulica horizontal e vertical, a porosidade e o coeficiente de armazenamento, a capilaridade da zona não saturada são também necessários para construir o modelo. As condições iniciais e as condições de fronteira podem estar relacionadas com os níveis, as pressões e as cargas hidráulicas, por um lado (condições de carga), ou com a recarga, a descarga, o influxo e o escoamento, por outro lado (condições de fluxo).

Em geral, os modelos de águas subterrâneas são descrições conceptuais ou aproximações que descrevem um determinado sistema de fluxo usando equações matemáticas; são descrições aproximadas do sistema ou processo físico. Ao representar matematicamente uma versão simplificada de um sistema hidrogeológico, podem ser previstos, testados e comparados cenários alternativos razoáveis. A aplicabilidade do modelo depende da proximidade com que as equações matemáticas representam o sistema físico, o que será feito na fase de calibração do modelo.

A aplicação de modelos de águas subterrâneas inclui a análise das componentes do balanço hidrológico da água (em termos de quantidade de água), a avaliação do impacto das alterações do regime das águas subterrâneas no ecossistema e ambiente dependentes, a definição de zonas de proteção das águas subterrâneas, a determinação de rendimentos seguros, etc. Os modelos também ajudam a compreender os aspectos quantitativos da zona não saturada, simulando o fluxo de água e a migração química na zona saturada.

1.5 Quem beneficiará com este trabalho?

O resultado desta investigação será de grande importância para os seguintes aspectos:

a. Gestores de recursos hídricos; a estimativa da recarga para WadiWatir é importante para se ter uma boa compreensão do orçamento hídrico para todo o Wadi.
b. Decisores; as águas subterrâneas são quase o principal recurso hídrico do Sinai e, por conseguinte, a

avaliação da sua quantidade é vital para o ecossistema dependente, a fim de fornecer uma análise de avaliação que possa ser utilizada pelos decisores para a conceção de quaisquer opções de gestão propostas.

c. Investidores: Os novos projectos de investimento em irrigação dependerão da quantidade de água subterrânea armazenada em excesso para ser utilizada no cultivo de novas áreas dentro da zona de Wadi, que tem um bom potencial social para a urbanização do deserto do Sinai e para encontrar muitas oportunidades de emprego para os jovens.
d. Institutos de investigação. Existe uma necessidade urgente de desenvolver um Sistema de Informação Ambiental e um Sistema de Informação de Águas Subterrâneas de modo a que os dados disponíveis relativos aos aquíferos da Península do Sinai possam ser facilmente acedidos e convenientemente processados. Este sistema proposto facilitaria o acesso aos dados, melhoraria a investigação e permitiria a partilha de dados entre as partes interessadas a nível nacional.
e. Também o sector da educação.

1.6 Qual é a novidade desta investigação?

Esta investigação centra-se na estimativa da recarga de águas subterrâneas enquanto quantidade, mas também introduz a recarga artificial de águas subterrâneas com recurso a barragens. O estudo da interação entre a recarga artificial das águas subterrâneas por barragens ou estruturas de captação de água e a saúde do ecossistema dependente das águas subterrâneas é um tema relativamente novo nos estudos relacionados com o Sinai. Este estudo permitirá aos decisores e investidores conhecer o valor das estruturas de captação de água e os impactos positivos do aumento da recarga das águas subterrâneas no sistema ecológico, o que facilitará a implementação de tais medidas em diferentes zonas áridas do Sinai e noutros locais.

A avaliação do ecossistema nesta investigação é uma avaliação baseada na comunidade, que introduziu a ideia de identificar e envolver as partes interessadas e os seus papéis, influência, dependência e eficácia. Foram recolhidas informações de diferentes partes interessadas, tais como a comunidade beduína, o Governo do Sinai do Sul, ambientalistas, departamentos do ambiente, agricultura e recursos hídricos e, finalmente, a Universidade do Canal de Suez.

CAPÍTULO 2

Revisão da literatura

É feita uma revisão de alguma da literatura relacionada com o conhecimento atual da estimativa da recarga das águas subterrâneas utilizando o pacote Hydrus e programas SIG, os impactos da insuficiência das águas subterrâneas nos ecossistemas dependentes das águas subterrâneas e as opções de adaptação para as melhores práticas de gestão. A revisão apresenta estudos semelhantes realizados a nível local e global, bem como as preocupações eco-hidrológicas sobre os ecossistemas dependentes das águas subterrâneas.

2.1 Estudos semelhantes sobre águas subterrâneas a nível local e mundial

2.1.1 Estudos locais para a estimativa das águas subterrâneas no Sinai

A escassez de água é um dos verdadeiros desafios que o Médio Oriente enfrenta e o seu desenvolvimento sustentável. O Sinai é uma das zonas mais vulneráveis a problemas relacionados com a água, em termos de quantidade e qualidade, devido à escassez de água e ao acesso restrito aos recursos hídricos (Gat e Issar, 1974). Por conseguinte, é importante avaliar e estimar a quantidade de água disponível para recarga. Uma vez que a recarga é o principal componente da recarga do aquífero e que a capacidade de produção do aquífero depende principalmente da quantidade de recarga, é de grande importância avaliar e quantificar a recarga das águas subterrâneas utilizando ferramentas de modelação (Gat e Issar, 1974).

A principal fonte de irrigação e de utilização doméstica no Sinai é a água subterrânea. A qualidade da água subterrânea é normalmente boa e, em comparação com a água de superfície, não necessita de muito tratamento para se tornar segura para beber. O solo e as rochas através dos quais a água subterrânea flui ajudam a remover os poluentes (Ward et al., 2004). A água subterrânea é um recurso natural que desempenha um papel vital no desenvolvimento da sociedade, da economia e da ecologia. No entanto, com o aumento da população e a urbanização, juntamente com o crescimento agrícola e industrial, a exploração excessiva das águas subterrâneas resultou em muitos problemas graves, tais como o declínio severo do lençol freático, a subsidência da terra e a intrusão da água do mar, que afectarão o ecossistema dependente das águas subterrâneas (El Samie e Sadek, 2001).

A precipitação média anual foi estimada para a bacia hidrográfica de WadiWatir e verificou-se que era de 35 mm/ano, variando entre 10 mm/ano na zona costeira e 50 mm/ano na zona montanhosa (Cools et al.2012). Uma vez que a precipitação de 10 mm/ano ocorre no delta do WadiWatir, assumiu-se que não há recarga para os aquíferos aluviais do delta por infiltração direta da precipitação. Assumiu-se que o fluxo de água subterrânea dos blocos montanhosos para o delta é a única fonte de recarga para os aquíferos aluviais do delta (Ismail 1998; El Ghazawi 1999). A precipitação é estimada para toda a bacia hidrográfica de WadiWatir em $70,2\times10^6$ m^3/ano (JICA 1999). El Sayed et al. (2002) e El Ghazawi (1999) mencionaram que os aquíferos do delta de WadiWatir recebem recarga perto da saída da bacia hidrográfica do wadi por fluxo subsuperficial derivado dos fluxos superficiais das cheias repentinas e das nascentes de Furtaga. A descarga das nascentes de Furtaga varia consideravelmente, dependendo da quantidade de precipitação e da frequência dos eventos de tempestade (Issar e Gilad 1982). A descarga estimada das nascentes de Furtaga varia entre 115 e 3.600 m^3/dia. Com base em alguns outros estudos, em 1982, a recarga total foi estimada em 3.000 m³/dia como estado estacionário. Entre 1982 e 2002, a recarga total foi estimada em 9.300 m³/dia, no entanto, entre 2002 e 2009, a recarga total foi estimada em 4.100 m³/dia (Eissa et al., 2013).

A rugosidade geomorfológica do Sinai leva à diferenciação de um grande número de microhabitats e formas de relevo que resultam numa grande diversidade dos seus ecossistemas. Esta área é intensamente rochosa e contém um sistema complicado de cheias repentinas, mas durante a maior parte do ano depende da água subterrânea, que por vezes vem à superfície para produzir pequenos troços de água livremente corrente (Salama et al., 2013). A vegetação esparsa ocorre em todo o lado, mas as zonas húmidas são particularmente ricas em plantas e, consequentemente, em insectos e animais.

A vida vegetal no Sinai tem-se revelado um tema muito interessante para muitos botânicos e exploradores ao longo dos anos (Salama et al., 2013).

2.1.2 Estudos globais para a estimativa das águas subterrâneas em diferentes locais

Hartono (2005) estimou a recarga de águas subterrâneas para o aquífero Chicot (Estado de Louisiana, EUA) utilizando uma nova técnica baseada na estimativa do balanço hídrico utilizando ferramentas SIG que integram a precipitação, o escoamento superficial, as propriedades do solo, a humidade do solo e o armazenamento para estimar as taxas de recarga através do aquífero. Os resultados mostram que as variações na procura agrícola e na precipitação podem afetar significativamente a recarga. As taxas de bombagem e recarga foram incorporadas num modelo regional de águas subterrâneas do aquífero Chicot para simular o fluxo de águas subterrâneas durante um período de 11 anos (Hartono, 2005).

Dripps e Bradbury (2007) estimaram a distribuição espacial e temporal da recarga de águas subterrâneas nas zonas temperadas húmidas (dois estudos de caso nos EUA) utilizando um modelo diário simples de balanço hídrico do solo (SWB). O Wisconsin Geological and Natural History Survey estabeleceu um modelo diário simples denominado modelo de balanço hídrico do solo (SWB) que utiliza dados facilmente disponíveis sobre o solo, a topografia, a ocupação do solo e o clima, em combinação com o SIG, para estimar a distribuição da recarga das águas subterrâneas ao nível da bacia hidrográfica para as zonas húmidas temperadas. Para estabelecer a metodologia e a aplicabilidade e desempenho do modelo, foram apresentados dois estudos de caso nos EUA: um para a bacia hidrográfica urbano-agrícola de Pheasant Branch Creek, no centro-sul do Wisconsin, e outro para a bacia hidrográfica florestal de Trout Lake, no centro-norte do Wisconsin. Em geral, o modelo SWB tem um bom desempenho e apresenta aos modeladores e planeadores uma ferramenta especial para fornecer estimativas de recarga e planeamento de recursos hídricos em zonas húmidas (Dripps e Bradbury, 2007).

Rushton et al. (2006) também estimaram a recarga de águas subterrâneas utilizando o método SMD. A estimativa da recarga em diferentes condições climáticas é possível utilizando um balanço diário da humidade do solo com base num único depósito de solo. Verificou-se que a evapotranspiração real é inferior ao valor potencial quando o solo está sob stress. A componente de stress é estimada em termos da água disponível imediata e total. Uma nova metodologia para a estimativa da recarga foi aplicada a dois estudos de caso diferentes. O primeiro estudo de caso refere-se a uma cultura de sequeiro no nordeste semi-árido da Nigéria, onde a recarga ocorre durante o período de crescimento da cultura principal. O segundo

Foi selecionado um estudo de caso, em Inglaterra, onde a precipitação média a longo prazo e a evapotranspiração potencial eram de magnitudes semelhantes. As incertezas e variações nos valores dos parâmetros foram exploradas através de análises de sensibilidade. Estes dois estudos de caso indicam que o modelo melhorado é uma abordagem fiável para a estimativa da recarga potencial numa grande variedade de condições climáticas (Rushton et al., 2006).

Modelação da recarga de águas subterrâneas em regiões áridas

2.2.1 Utilização do pacote Hydrus e SIG

O pacote Hydrus é utilizado para simular o movimento da água, do calor e de vários solutos em meios com saturação variável (Simunek et al., 2009). Inclui uma função de redução do stress hídrico e de oxigénio, além de estimar a absorção de água e nutrientes pelas raízes (Simunek et al., 2009). Como exemplo de aplicação aos GDE, Soylu et al. (2010) verificaram que os fluxos capilares melhoram a quantidade de água evapotranspirada por gramíneas curtas no Nebrasca, EUA. Estimaram a contribuição dos fluxos capilares comparando os níveis de humidade do solo na rizosfera com e sem a presença de água subterrânea. Além disso, Shah et al. (2007) utilizaram o Hydrus para estudar a relação entre a profundidade das águas subterrâneas e a evapotranspiração potencial e o seu efeito nos GDE.

O Hydrus foi aplicado para modelar a absorção de água pelas raízes na presença de sais. A função utilizada para modelar o stress hídrico e de oxigénio tem em conta o efeito da salinidade (Van Genuchten, 1987; Skaggs et al., 2006). O pacote Hydrus tem sido utilizado para aplicações agrícolas e também para resolver problemas relacionados com os GDE (Forkutsa et al., 2009; Phogat et al., 2010; Roberts et al., 2009; Singh et al., 2010; Xie et al., 2011).

O pacote Hydrus para o Modflow tem uma opção em que qualquer excesso de água na superfície do solo pode acumular-se aí ou ser imediatamente removido por escoamento superficial (Twarakavi et al., 2009). O Hydrus - 3D é um pacote de software para simular o movimento da água em meios tridimensionais com saturação variável. O pacote de software é composto por um programa de computador e uma interface gráfica interactiva para o utilizador. O programa Hydrus-3D resolve numericamente a equação de Richards para o fluxo de água com saturação variável (Twarakavi et al., 2009).

O SIG é uma das ferramentas mais importantes que ajuda a integrar, analisar e representar informações espaciais e bases de dados de qualquer origem, que podem ser facilmente utilizadas para o planeamento do desenvolvimento de recursos, proteção ambiental e pesquisas e investigações científicas (Maruo, 2003). O SIG pode fornecer a plataforma adequada para o processamento e análise eficientes de diversos conjuntos de dados para a tomada de decisões na gestão e planeamento das águas subterrâneas. Além disso, pode ser desenvolvido um modelo integrado baseado no SIG para a quantificação da recarga das águas subterrâneas (Maruo, 2003).

2.2.2 Métodos de estimativa da recarga de água subterrânea

Uma representação adequada da componente de recarga é essencial para qualquer modelo de águas subterrâneas. A recarga é vista como uma função da precipitação efectiva - precipitação menos evaporação - que é distribuída de acordo com as categorias de uso do solo e os tipos de solo (Rushton & Ward, 1979). A quantificação da taxa de recarga natural das águas subterrâneas é um pré-requisito básico para uma gestão eficiente das águas subterrâneas. É particularmente importante em regiões com grande procura de abastecimento de água subterrânea, onde esses recursos são a chave para o desenvolvimento económico (Kumar, 2005). Com o aumento da procura de água, é importante considerar formas de aumentar a recarga das águas subterrâneas. Com a seca a ameaçar os níveis de abastecimento de água, a quantidade de água disponível torna-se uma preocupação. De um modo geral, o desenvolvimento dos terrenos continua a aumentar, o que, por sua vez, leva a uma diminuição da área de superfície terrestre permeável disponível para recarga natural (Bouwer, 2002).

A estimativa da recarga pode ser baseada numa grande variedade de métodos, tais como o método do défice de humidade do solo (SMD), o método do limiar de humidade (WT), o método do desvio cumulativo da precipitação (CRD), técnicas isotópicas e técnicas de perfil de soluto (Kumar, 2003; SUSMAQ, 2005; Baalousha, 2005). Os modelos, após uma simplificação adequada, podem simular não só a distribuição espacial da recarga de águas subterrâneas mas também a variabilidade temporal das magnitudes de recarga. A recarga das águas subterrâneas é altamente variável em termos espaciais, dependendo de uma multiplicidade de factores que funcionam em conjunto, incluindo (mas não se limitando a) a quantidade de precipitação, o tipo de solo, a profundidade do lençol freático, a condutividade hidráulica da zona não saturada e a utilização do solo (Froukh, 2003).

2.3 Estudos sobre as águas subterrâneas e o seu ecossistema dependente (GDE)

2.3.1 Metodologia utilizada para manter a saúde do ecossistema dependente das águas subterrâneas

A metodologia utilizada neste estudo segue a metodologia funcional efectuada por Eamus et al. (2006) para determinar o regime de águas subterrâneas necessário para manter a saúde do ecossistema dependente de águas subterrâneas. Essa metodologia baseia-se nas quatro questões principais seguintes: (1) Como identificar as GDE no terreno; por outras palavras, que espécies ou conjuntos de espécies ou habitats dependem de um abastecimento de água subterrânea para a sua persistência na paisagem; (2) que regime de águas subterrâneas é necessário para garantir a persistência de uma GDE; (3) como podem os gestores dos recursos naturais (principalmente água e habitats), com tempo, dinheiro e outros recursos limitados, gerir com sucesso as GDE; e (4) que medidas da função do ecossistema podem ser monitorizadas para garantir que a gestão é eficaz?

O Banco Mundial e o GW-Mate (2010) também mencionaram que uma abordagem integrada para a gestão das águas subterrâneas tem de estabelecer objectivos para equilibrar o aumento da procura de recursos com as necessidades dos ecossistemas aquáticos ou terrestres. Além disso, deve ter em conta as relações bidireccionais entre as políticas socioeconómicas e os objectivos ambientais, e o desenvolvimento, gestão e utilização das águas subterrâneas. A GIRH considera o valor da água em todos os seus usos para apoiar a utilização eficiente, equitativa e sustentável das águas subterrâneas, bem como a sua relação com a captação de águas superficiais, quando apropriado. Deve ser dada uma atenção cuidada à delimitação das fronteiras da gestão das águas subterrâneas, conciliando a saúde do ecossistema dependente das águas subterrâneas, o contexto hidrogeológico, as fronteiras políticas, etc.

2.3.2 Impactos da flutuação do lençol freático nos GDEs

O aumento das águas subterrâneas pode estar ligado não só à precipitação, mas também à expansão da agricultura na região, como sugerem os dados históricos dos níveis do lençol freático (Viglizzo et al., 2009). As culturas com raízes mais superficiais deixam de utilizar a água subterrânea antes das espécies nativas com raízes mais profundas e são menos tolerantes ao encharcamento, levando a níveis mais elevados de água subterrânea que facilitam as inundações (Viglizzo et al., 2009).

Uma diminuição do nível do lençol freático também aumenta a aeração do solo e a oxidação da matéria orgânica (Klove et al., 2014), o que pode levar a um ambiente rico em nutrientes através da produção de NO-3 e PO4-3, que são geralmente os nutrientes limitantes na EDG (Wassen et al., 2005). Em condições aeróbicas, o PO4-3 pode tornar-se tóxico devido à sua fixação com a forma oxidada do ferro (Fe+3) na zona radicular (Boomer e Bedford, 2008). Um aumento do fluxo de água subterrânea pode resultar em condições de alagamento, processos anóxicos e fluxos associados de contaminantes (Werner e Zedler, 2002; OldeVenterink et al., 2006) que podem criar a situação de desequilíbrio nutricional. As alterações nas taxas e mecanismos de recarga das águas subterrâneas podem também aumentar a mobilização de pesticidas e outros poluentes na zona não saturada e reduzir a qualidade das águas subterrâneas (Bloomfield et al., 2006). Do mesmo modo, a recarga durante os períodos secos pode ter uma maior concentração de sais e de sólidos totais dissolvidos (TDS), ao passo que a recarga durante os períodos húmidos pode ter uma menor concentração de TDS (Sukhija et al., 1998).

2.3.3 Preocupações eco-hidrológicas sobre os GDE

Os estudos eco-hidrológicos que se centram nas águas subterrâneas estudaram principalmente os impactos da extração de água subterrânea e da alteração do uso do solo (Green et al., 2011), mas os estudos dos impactos na quantidade e qualidade das águas subterrâneas e os efeitos em cascata nos ecossistemas dependentes das águas subterrâneas (GDEs) têm recebido menos atenção (Taylor et al., 2012 e Treidel et al., 2011). Muitos GDEs suportam uma biodiversidade surpreendentemente alta e exibem altos níveis de endemismo, sendo assim de considerável valor de conservação. E para conservar a biodiversidade e assegurar os benefícios contínuos das águas subterrâneas e dos GDEs para a sociedade, é imperativo avaliar as potenciais soluções para estes sistemas e desenvolver estratégias para os proteger (Goldscheider et al., 2006; Boulton et al., 2008). Embora todos os recursos hídricos estejam ameaçados, as águas subterrâneas e os ecossistemas dependentes das águas subterrâneas estão particularmente em risco. Por não serem vistas e devido ao tempo inerente entre o stress e uma resposta detetável do sistema, as águas subterrâneas têm sido mais vulneráveis ao stress antropogénico. Além disso, os impactos da extração nas águas subterrâneas e nos ecossistemas que delas dependem são menos bem compreendidos devido à falta de estudos científicos suficientes (Candela et al, 2009; Risbey et al, 2007; Klove et al., 2011).

Uma parte fundamental da compreensão dos efeitos eco-hidrológicos das acções humanas é a conetividade da paisagem, a relação entre o recurso hídrico e o seu ecossistema dependente (Okinet al., 2009). As ligações eco-hidrológicas ocorrem abaixo do solo, através da infiltração de água para as águas subterrâneas, e acima do solo, através do fluxo de escoamento superficial. Embora as ligações subterrâneas tendam a ser lentas e persistentes, as ligações acima do solo são pouco frequentes e rápidas (Okin et al., 2009). É necessário um quadro para prever as consequências das alterações da conetividade e da vegetação no equilíbrio da recarga e da descarga através das paisagens. Nos sistemas de terras altas, as ligações eco-hidrológicas ocorrem através da recarga, levando ao fluxo de água e solutos dos ecossistemas para os aquíferos e vice-versa (por exemplo, Freeze e Cherry, 1979; George et al., 1999).

2.4 Abordagens para gerir as águas subterrâneas e os ecossistemas dependentes das águas subterrâneas

2.4.1 Quadros políticos claros e coerentes que incluam a GDE

A Organização das Nações Unidas para a Alimentação e Agricultura (FAO, 2011) define quadro político como, - um conjunto de decisões que são orientadas para um objetivo a longo prazo ou para um problema particular. Alguns chamam a atenção para a necessidade de políticas consistentes, legislação e quadros legais, planeamento de gestão estratégica e capacidade de administração de recursos em relação à gestão de águas subterrâneas (Foster e Loucks, 2006; Pandey et al., 2011; Puri et al., 2001). Estas políticas devem ser consistentes em todos os sectores relevantes e fornecer orientações claras para a sua implementação, como a promulgação de novas leis e o estabelecimento de sistemas de licenciamento, criando incentivos económicos e acções da sociedade civil (Theesfeld, 2008). A conservação da capacidade produtiva dos aquíferos exige uma monitorização constante da quantidade e qualidade das águas subterrâneas e inclui a proteção dos aquíferos.

Em resultado da noção da importância da sustentabilidade ambiental, alguns gestores de recursos hídricos subterrâneos com visão de futuro começaram a incluir a gestão dos GDE como parte da sua gestão actividades como a Diretiva-Quadro da Água da União Europeia (DQA, 2000/60/CE) e a Diretiva das Águas Subterrâneas (DQA, 2006/118/CE). Estas diretivas especificaram o papel dos GDE e avaliaram-nos através de uma avaliação quantitativa e química do seu estado. Este reconhecimento e inclusão dos GDE nas políticas relativas às águas subterrâneas precisam de ser mais explícitos. As políticas de proteção dos aquíferos, como as operacionalizadas através da Diretiva das Águas Subterrâneas da Diretiva-Quadro da Água da União Europeia, obrigam os Estados a tomar medidas para evitar que os aquíferos sejam contaminados por actividades de uso do solo e também a manutenção dos GDEs.

O objetivo é otimizar a utilização sustentável dos recursos hídricos subterrâneos sem comprometer a sua utilização futura e garantir a persistência das águas subterrâneas e dos serviços ecossistémicos associados que prestam à sociedade. O número crescente de factores de stress das águas subterrâneas e as exigências concorrentes estão a tornar a gestão das águas subterrâneas cada vez mais complexa. Os especialistas que estudaram a utilização das águas subterrâneas em todo o mundo tendem a concordar que se sabe muito pouco sobre as instituições e políticas que regem a utilização destes recursos (Mukherji e Shah, 2005). No entanto, abordagens inovadoras para a gestão das águas subterrâneas têm vindo a desenvolver-se em muitas partes do mundo na última década (de Gooijer et al., 2009). Estas abordagens inovadoras apresentam uma variedade de instrumentos para gerir as águas subterrâneas (Theesfeld, 2010; Kemper, 2007).

2.4.2 Instituições eficazes com capacidade suficiente

Os enquadramentos políticos e legais são os limites dentro dos quais ocorre a gestão das águas subterrâneas. A gestão é então confiada a instituições nacionais ou locais que são mandatadas para tomar decisões políticas para os resultados desejados. A Organização para a Cooperação e Desenvolvimento Económico (OCDE) apontou uma grande falta de capacidade a nível local dentro destas instituições de gestão (OCDE, 2011). A gestão efectiva exige uma correspondência estreita entre a escala dos processos ecológicos e as instituições que governam os recursos hídricos subterrâneos (Cumming et al., 2006). Dadas as tendências mais amplas na governação ambiental e da água em direção a multi-parcerias e abordagens híbridas, também é importante construir capacidade através das múltiplas e diversas escalas de governação (Kerr, 2007).

Além disso, a interação entre instituições formais e informais, e entre e dentro de escalas, é vista como um elemento institucional e político importante da governação (Cash et al., 2006; Young, 2002). Em particular, a gestão de aquíferos transfronteiriços só pode ser prosseguida através do estabelecimento de escalas adequadas de tomada de decisões e do envolvimento de um conjunto de partes interessadas, bem como de instituições estatais concebidas para operar em múltiplas escalas (Linton e Brooks, 2011). Cada vez mais, a investigação também tem enfatizado a necessidade de capacidade institucional para se adaptar à incerteza e à mudança, a fim de ser resiliente num sistema socioecológico (Folke et al., 2005; Gallopin, 2006; Young, 2009; Dietz et al., 2003).

A gestão das águas subterrâneas e das águas superficiais tem sido, normalmente, duas áreas distintas, implementadas por diferentes instituições governamentais e não governamentais. Embora a ciência tenha desde há muito compreendido que as águas superficiais são extensões naturais dos sistemas de águas subterrâneas, só quando a água se tornou escassa é que surgiu a necessidade de utilizar estes recursos conjuntamente e, por conseguinte, de integrar a sua gestão. As pressões crescentes sobre os recursos hídricos subterrâneos exigem uma nova abordagem de gestão integrada que tenha explicitamente em conta as águas subterrâneas, os ecossistemas dependentes e os seus serviços ecossistémicos. Esta abordagem baseia-se em novas tecnologias para a exploração sustentável das águas subterrâneas, tendo em conta a sua capacidade de suporte e as interações com os ecossistemas dependentes a escalas espaciais mais alargadas (bacia hidrográfica, escalas nacional e regional), bem como o envolvimento dos stakeholders nos processos de gestão e de tomada de decisão (MEA, 2005).

2.4.3 Participação comunitária

O envolvimento de actores não estatais e de diversas partes interessadas, como as comunidades, na tomada de decisões é uma componente comum das abordagens de gestão de recursos mais bem sucedidas (Biermann e Pattberg, 2008). As parcerias que criam uma rede de gestão composta por autoridades governamentais, cientistas e utilizadores de água são catalisadores para uma gestão eficaz dos recursos (Ross e Martínez-Santos, 2010). A participação demonstrou produzir uma série de benefícios que vão desde decisões mais informadas a resultados que são mais bem cumpridos, até à mobilização da capacidade de autorregulação, quando apropriado (Hodgson, 2006; Garduño et al, 2010). Por conseguinte, todas as abordagens devem considerar a participação ativa dos utilizadores da água e das populações locais para abraçar a importância global das EDG.

CAPÍTULO 3

Descrição da área de estudo

A área em estudo nesta investigação é WadiWatir, situada no Sinai, Egito. Neste capítulo, são apresentadas as caraterísticas gerais e as caraterísticas da área de estudo. Estas caraterísticas incluem os distritos, a população, a geografia, a topografia, a ecologia, o clima e os recursos hídricos.

3.1 Geografia e topografia

A área do delta de Wadi Watir está localizada na parte a jusante de Wadi Watir, na parte sudeste da Península do Sinai, no Egito, entre as longitudes 34° 38' e 34° 41' Este e as latitudes 28° 57' e 29° 03' Norte, como mostra a Figura 3.1. A bacia hidrográfica de Wadi Watir drena em direção ao Golfo de Aqaba e é considerada o vale mais importante desta região porque a cidade de Nuweiba, um destino turístico, está localizada no seu delta e o porto de Nuweiba está localizado na costa do delta. Os navios que partem do porto de Nuweiba ligam o Egito à Arábia Saudita e à Jordânia.

O delta do Wadi Watir contém um aquífero aluvial subjacente a uma rocha basal pré-cambriana impermeável, como se pode ver na Figura 3.2. A escassez de precipitação durante a última década, combinada com elevadas taxas de bombagem, resultou na degradação da qualidade da água nos principais poços de abastecimento ao longo da frente montanhosa, o que levou à redução da bombagem de águas subterrâneas.

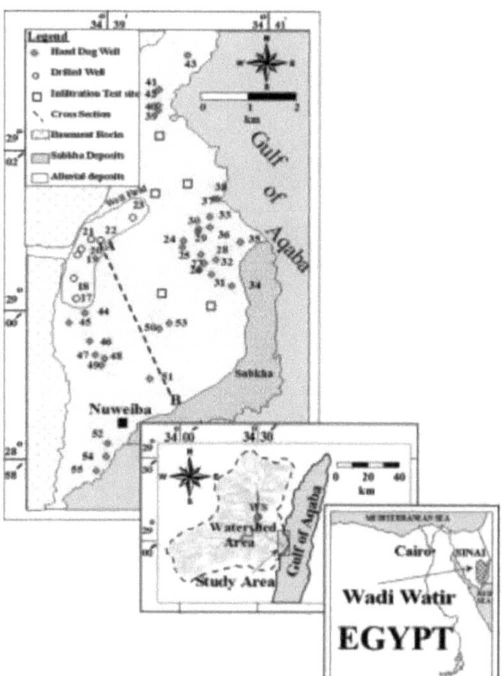

Figura 3.1 Localização da área de estudo e dos locais de amostragem de águas subterrâneas e de teste de

infiltração (Fonte: Eissa et al., 2013)

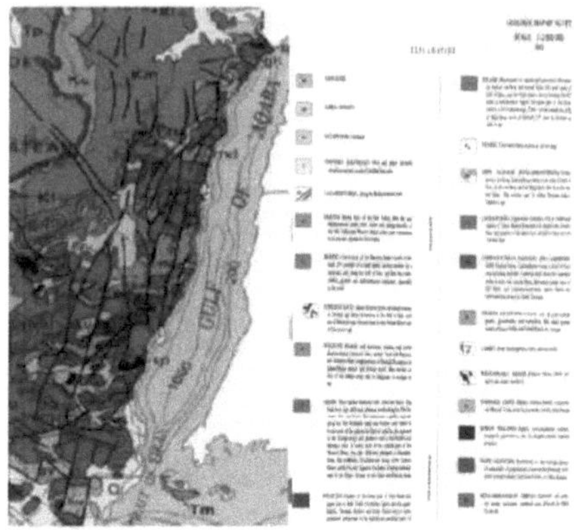

Figura 3.2 Mapa geológico do Sinai e da formação dos seus solos.

A topografia de Wadi Watir varia de 0 a 1437 m do nível da água do mar, como mostra a Figura 3.3.

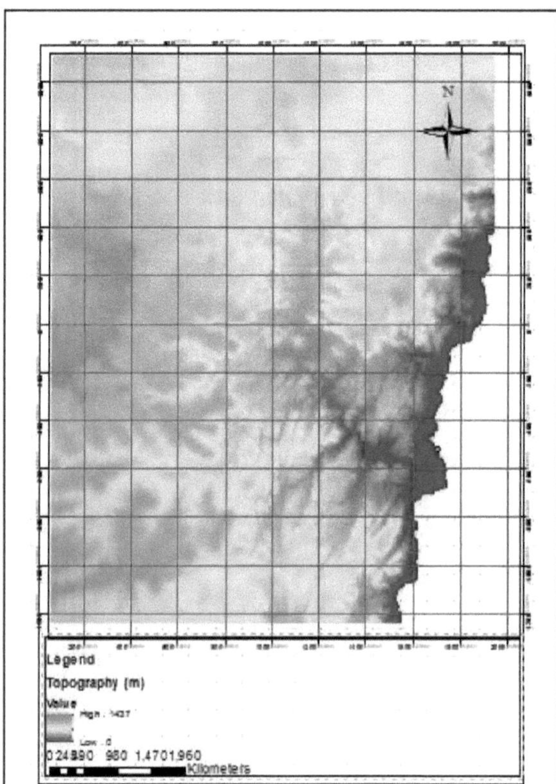

Figura 3.3 Mapa topográfico de Wadi Watir.

3.2 Dados meteorológicos

Os dados relativos à precipitação foram recolhidos junto do Ministério dos Recursos Hídricos e da Irrigação do Egito. Existem muitos pluviómetros no Sinai, como mostra a Figura 3.4 abaixo, e foi decidido utilizar os dados do pluviómetro localizado na estação meteorológica de St. Catharines, por ser o mais próximo da área de estudo.

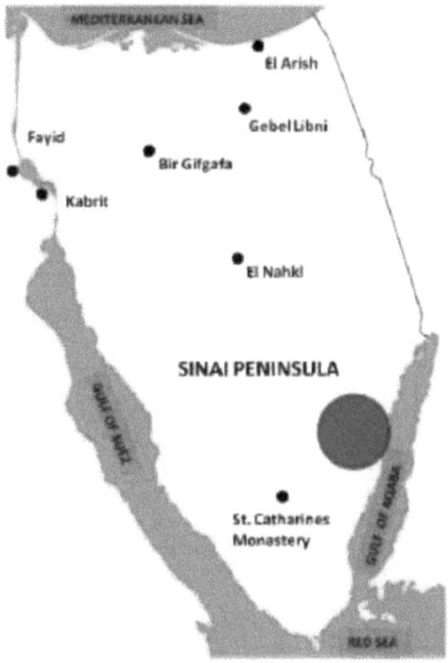

Figura 3.4 Distribuição dos pluviómetros no Sinai

Os dados climáticos anuais foram recolhidos da estação meteorológica mais próxima, localizada em St. Catherine. Estes dados incluem a precipitação média P50, a temperatura, a humidade relativa e a informação sobre a evapotranspiração, como se mostra no Quadro 1. A temperatura média anual foi de 20,5°C e a humidade relativa média foi de 39 %.

Tabela 3-1 Dados meteorológicos recolhidos na estação meteorológica de St. Catherine.

	Mean Rainfall P50 (mm/month)	Temp (mean) (deg. C)	Daily Temperature Range (deg. C)	Ref Humid (%)	Sunshine (% of Hrs)	Wind Run (m/s)	Penman (ETo) (mm/day)
January	0.95	12.2	11.4	46	76	4	3.47
February	0.42	13.5	11.8	41	78	3.4	4.01
March	1.07	16.5	12.2	39	77	3.7	5.24
April	0.61	21.1	13.1	33	77	4.1	7.2
May	0.05	24.9	13.8	29	82	4.1	8.72
June	0	27.4	14.2	30	92	4.3	9.76
July	0	28.8	13.8	32	93	4.1	9.7
August	0	28.8	13.5	34	93	4.1	9.22
September	0	27	13.1	39	91	4.1	7.88
October	0.34	23	12.1	42	88	3.8	5.92
November	0.6	18.1	11.6	43	82	3.5	4.31
December	1.22	14	11	46	74	3.1	3.19

3.3 Caraterísticas do Wadi

A bacia hidrográfica de Wadi Watir está dividida em muitas sub-bacias com diferentes áreas, topografia e descarga de água. A área de superfície do Wadi é de cerca de 3440 km^2. A área potencial efectiva de recarga é de quase 156 km^2. Há uma estrada principal que transporta as pessoas para Nuweiba, onde vivem os beduínos e onde existe a maior parte das actividades, como a agricultura e o turismo. No entanto, durante as cheias repentinas, todas estas bacias hidrográficas descarregam nesta estrada, causando danos e erosão, o que leva a que esta estrada fique fora de serviço, impossibilitando o transporte para esta zona em particular e para a parte oriental do Sinai em geral.

Esta investigação centrou-se no estudo da sub-bacia principal (que descarrega a maior quantidade de água), pelo que todas as outras pequenas sub-bacias podem ser estimadas de forma aproximada em relação à bacia principal, como mostra a Figura 3.5, que apresenta todas as bacias incluídas em Wadi Watir, a principal sub-bacia em estudo e a principal estrada de transporte que liga o Sinai à cidade de Nuwaiba. Além disso, as Figuras 3.6 e 3.7 mostram uma secção transversal da estrada principal de transporte para leste do Sinai e uma imagem de satélite da secção transversal da saída da sub-bacia principal em estudo, respetivamente.

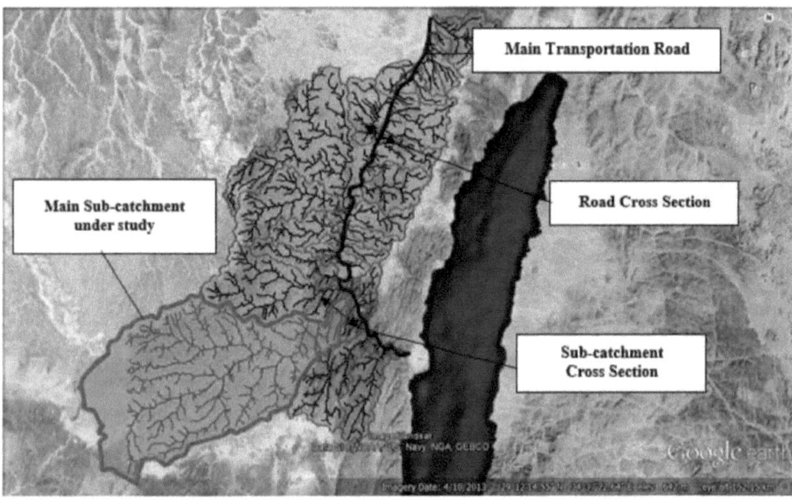

Figura 3.5 Imagem de satélite da zona de Wadi Watir

Figura 3.6 Secção transversal da estrada principal de transporte para leste do Sinai

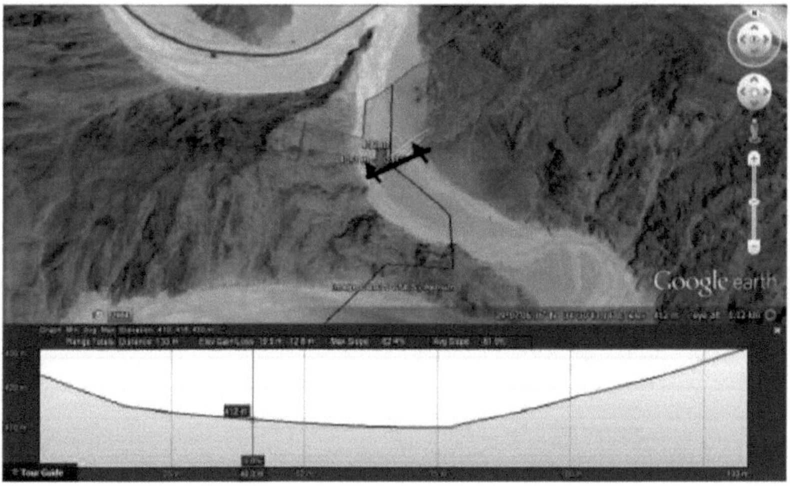

Figura 3.7 Imagem de satélite da secção transversal da saída da sub-bacia principal em estudo.

CAPÍTULO 4

Avaliação do ecossistema

Esta secção apresenta os objectivos e a metodologia da avaliação do ecossistema feita nesta investigação. Além disso, mostra a análise das partes interessadas em causa e os seus papéis, influência e dependência.

4.1 Objectivos da Avaliação do Ecossistema

Os principais objectivos subjacentes à avaliação da saúde e dos serviços do ecossistema em Wadi Watir são examinar as opções de gestão ambiental para o desenvolvimento sustentável e determinar a forma de manter a integridade ambiental que melhorará a qualidade de vida dos beduínos no final. Esta avaliação tem por objetivo

- Avaliar a eficácia da recarga das águas subterrâneas a jusante da barragem e desenvolver estratégias de gestão para um funcionamento optimizado da barragem
- Investigar a informação de base relacionada com o ecossistema em Wadi Watir para servir de referência/guia de comparação no futuro
- Promover uma parceria e participação entre as comunidades locais, a comunidade científica, as organizações não governamentais e as agências de desenvolvimento na gestão, proteção e conservação do ecossistema
- Identificar os principais factores de mudança do ecossistema, áreas de deterioração ambiental e como implementar métodos de reconstrução
- Introduzir políticas e estratégias alternativas a nível local que garantam uma gestão completa para alcançar um desenvolvimento sustentável e uma melhor saúde e serviços ecossistémicos
- Adotar e desenvolver uma metodologia modelo para a avaliação dos ecossistemas que possa ser transferida e aplicada em diferentes partes do Egito

4.2 Metodologia de avaliação dos ecossistemas

Esta secção define a metodologia seguida no processo de avaliação do ecossistema. Como mencionado anteriormente, a avaliação do ecossistema neste estudo é uma avaliação baseada na comunidade. A metodologia de avaliação centra-se na saúde do ecossistema principal e, entretanto, nos serviços. As condições actuais e as tendências históricas dos ecossistemas naturais na área de avaliação são ainda destacadas com a sua capacidade de fornecer serviços.

Foi dada especial ênfase aos principais serviços na área de avaliação, nomeadamente a diversidade floral e o fornecimento de água e minerais

A metodologia implementada para avaliar a saúde do ecossistema baseia-se em algumas experiências anteriores mencionadas em estudos publicados e baseia-se também nas reuniões realizadas com os habitantes locais e as autoridades competentes.

Como mencionado anteriormente, a metodologia de avaliação do ecossistema baseia-se na metodologia funcional efectuada pela Eamus para determinar o regime de águas subterrâneas necessário para manter a saúde do ecossistema dependente das águas subterrâneas.

Esta metodologia baseia-se nas quatro questões seguintes: (1) Como identificar as GDEs no terreno; por outras palavras, que espécies ou conjuntos de espécies ou habitats dependem de um abastecimento de água subterrânea para a sua persistência na paisagem; (2) que regime de água subterrânea é necessário para garantir a persistência de uma GDE; (3) como podem os gestores dos recursos naturais (principalmente água e habitats), com tempo, dinheiro e outros recursos limitados, gerir com sucesso as GDEs; e (4) que medidas da função do ecossistema podem ser monitorizadas para garantir que a gestão é eficaz? (D.Eamus et al., 2006).

Os gestores de recursos hídricos subterrâneos perguntam normalmente qual a quantidade de água que pode ser retirada do aquífero, mantendo um baixo risco para os GDEs. Para tal, é necessária informação quantificada sobre a relação entre a saúde de uma GDE e o nível freático.

As recomendações são feitas através da definição do nível aceitável para o qual se pode permitir que a água subterrânea desça, mantendo ao mesmo tempo valores ambientais importantes (Murray et al. 2006).

Seguem-se várias recomendações apresentadas por Eamus et al. (2006) para futuras investigações e quadros de gestão, algumas das quais são abordadas no presente estudo.

- Especificar as necessidades de água dos GDE para atuar como rendimento seguro
- Reconhecer a variabilidade das necessidades de água subterrânea nas componentes ecológicas de um GDE
- Considerar os efeitos cumulativos da redução da disponibilidade das águas subterrâneas, avaliando as alterações históricas das águas subterrâneas e determinando a alteração líquida da disponibilidade ao longo de períodos de tempo importantes
- Reconhecer a resiliência das GDE à alteração da disponibilidade de água subterrânea. Os valores ecológicos podem ser restaurados/mantidos se forem implementadas práticas de correção/mitigação. Por conseguinte, deve ser adoptada uma perspetiva a mais longo prazo das necessidades hídricas necessárias para manter os valores ecológicos.
- Considerar os requisitos de água subterrânea ao nível do sistema/bacia hidrográfica, bem como os requisitos individuais de GDE
- Critérios de conformidade ambiental baseados em níveis mínimos simplificados de "limiar" do nível freático

Alguns procedimentos são seguidos para identificar a saúde do ecossistema, estes procedimentos são amplamente utilizados anteriormente para identificar a saúde do ecossistema. Os procedimentos utilizados são os seguintes:

- Utilização de indicadores:

As plantas (vegetação) são consideradas como um excelente indicador do estado do ecossistema por muitas razões, tais como os níveis de riqueza de espécies, a rapidez da taxa de crescimento, o comprimento das raízes e a resposta direta a grandes alterações ambientais. Assim, à medida que as condições ambientais variam, a composição da comunidade muda em resposta, as comunidades vegetais têm sido expostas a mudanças em resposta a alterações do nível do lençol freático.

A composição da comunidade vegetal reflecte a integridade biológica do ecossistema. Representam um conjunto diversificado de espécies com tolerâncias ecológicas e estratégias de história de vida.

- Técnicas de avaliação dos ecossistemas:

O critério de avaliação baseia-se na utilização da tecnologia e técnicas disponíveis para avaliar o estado de saúde do ecossistema. Neste estudo, utilizámos as técnicas de observação no terreno, bem como as ferramentas de teledeteção e os Sistemas de Informação Geográfica (SIG), como se mostra na Figura 4.1, para facilitar a investigação e a monitorização das alterações do ecossistema, conduzindo a uma melhor compreensão da natureza e do ecossistema do Wadi.

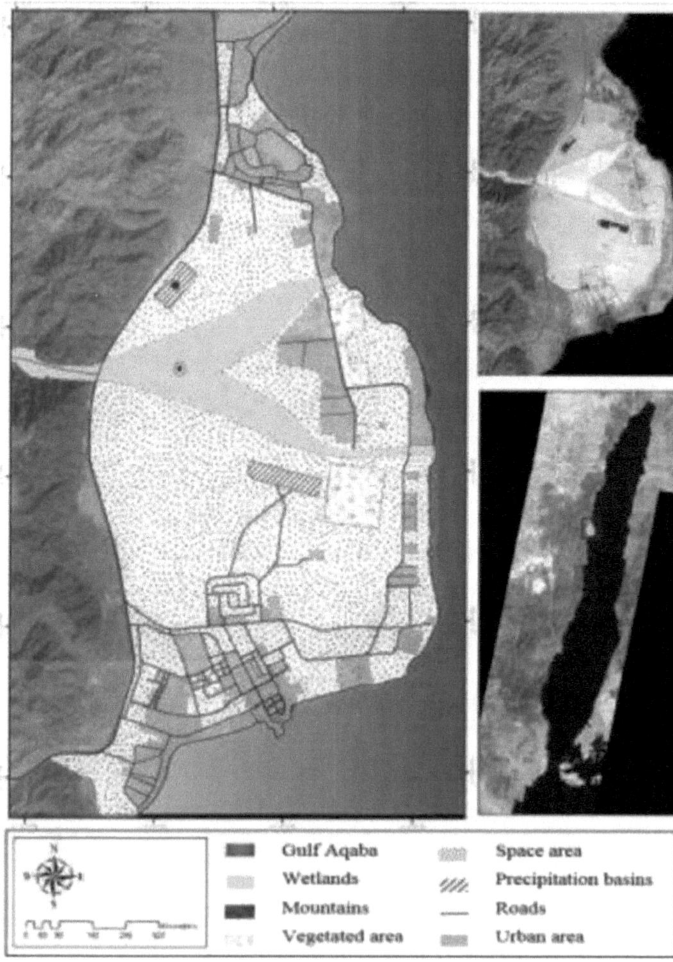

Figura 4.1 Mapa SIG que mostra a utilização do solo da costa principal próxima do estudo.

- Principais classes de GDEs em Wadi Watir:

  a. Ecossistema de zonas húmidas

Dependente do sistema de fluxo de águas subterrâneas profundas, por vezes apenas com reabastecimento contemporâneo limitado e fluxo de aquíferos fósseis.

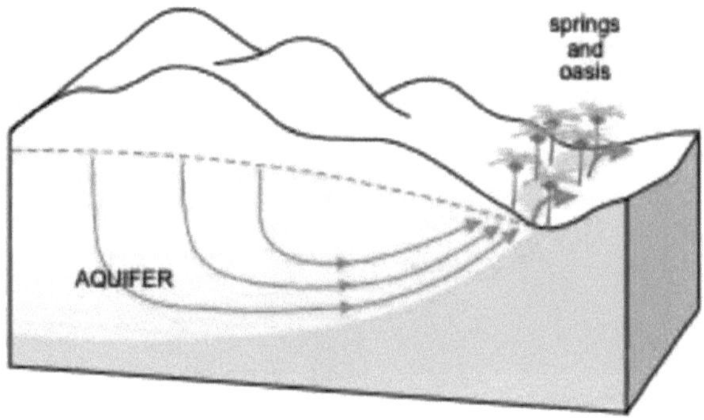

Figura 4.2 Ecossistema de zonas húmidas

b. Ecossistema terrestre

Ecossistema dependente de árvores e arbustos com raízes excecionalmente profundas que tocam diretamente no lençol freático ou na sua franja capilar (distribuição limitada pela espessura e grau de consolidação dos sedimentos no solo).

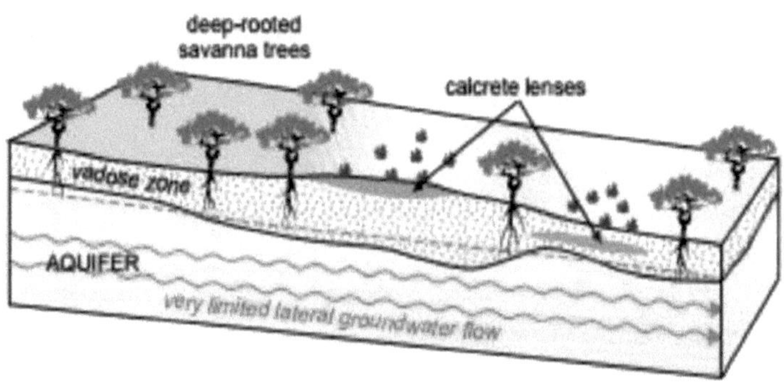

Figura 4.3 Ecossistema terrestre

- Estudos de campo e amostragem:

Foram selecionadas aleatoriamente três parcelas (10x10m) na saída do Wadi, onde as localidades e os sítios foram selecionados subjetivamente para abranger uma vasta gama de variações na área de estudo, incluindo o clima, a altitude, o relevo e a vegetação.

A cobertura vegetal, a diversidade e a abundância de espécies estão altamente relacionadas com o tipo/textura do solo, a altitude e o declive. A determinação das comunidades vegetais dominantes na área de estudo foi efectuada através da classificação das parcelas examinadas escolhidas. A localização das três parcelas de amostragem é mostrada na Figura 4.4

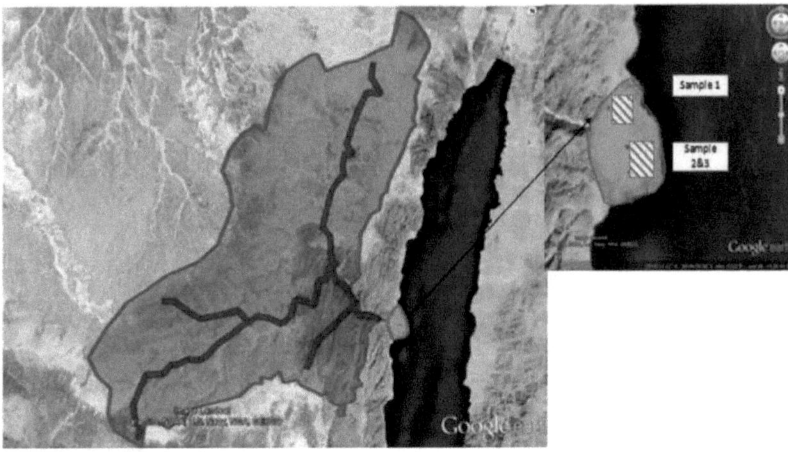

Figura 4.4 Localização das três parcelas de amostragem

- Abundância de GDEs:

Para estimar a água necessária para as GDEs, temos de identificar os principais factores, que são (1) Tipo de vegetação numa área específica, e; (2) quantidade de água requerida por cada tipo.

Através da amostragem e da experiência anterior, verificou-se que as comunidades dominantes são Zygophyllumcoccineum (grupo I; Figura 4.2), Haloxylonsalicornicum (grupo II; Figura 4.3) e Acacia tortilisZygophyllumcoccineum (grupo III; Figura 4.4). A tabela seguinte mostra a abundância de espécies diferentes na área selecionada.

Através das áreas de amostragem escolhidas (10x10m), podemos estimar a vegetação para toda a área de estudo, utilizando algum tipo de extrapolação e assumindo que esta pequena parcela é representativa da área maior circundante.

A área total da cidade é de 3440 km², no entanto, a percentagem da área vegetada foi considerada como sendo cerca de 2 a 5 % da área total. Esta área vegetada está dividida da seguinte forma (Tabela 4.1):

Tabela 4-1 Riqueza de espécies e áreas correspondentes.

Type of vegetation	Plant cover km^2	Plant No. / m^2	Corresponding Area m^2(Acorr)	Species richness
Zygophyllumcoccineum	-	0.75	300000	High
Haloxylonsalicornicum	7.5	-	7500000	High
Acacia tortilisZygophyllumcoccineum	-	0.13	26000	Low

Figura 4.5 Zygophyllumcoccineum (grupo I)

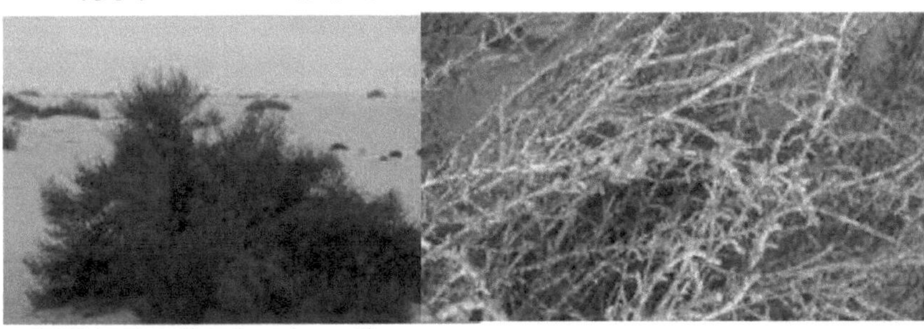

Figura 4.6 Haloxylonsalicornicum (grupo II)

Figura 4.7 Grupo Acacia tortilis (III)

4.3 Análise/envolvimento das partes interessadas

A identificação e o envolvimento das partes interessadas em causa e os seus papéis, influência, dependência e eficácia são elementos importantes na análise. Durante o processo, foram identificados os seguintes utilizadores e respectivas funções:

4.3.1 Comunidade beduína

Os beduínos são os principais habitantes locais do Sinai, pelo que são considerados o grupo-alvo desta avaliação. Por outro lado, os beduínos também precisam dos resultados desta avaliação por muitas razões. Em particular, precisam de obter melhores serviços ecossistémicos para satisfazer as suas necessidades de alimentação, água, abrigo e segurança. Foi observado que a autoridade governamental em causa deve fornecer uma melhor compreensão, apoio logístico e empenhamento para satisfazer as suas necessidades.

4.3.2 Governadorado do Sinai do Sul

A governação do Sinai do Sul é a principal parte interessada central, com envolvimento direto na avaliação. Representa a parte oficial e logística em todas as actividades e serviços de Wadi Watir. Além disso, é responsável pela aplicação das diretrizes e leis ambientais para proteger o ambiente e prestar os devidos cuidados aos beduínos. A avaliação fornece um reflexo das condições reais na área de Wadi Watir, pelo que podem ser antecipadas acções eficazes.

4.3.3 Ambientalistas e Ministério do Ambiente

O Wadi Watir abarca alguns dos recursos ambientais mais ilustres do Sinai e do Egito. A diversidade paisagística e a diversidade da flora são as mais famosas desta zona. Os ambientalistas, juntamente com o Departamento do Ambiente, têm um papel importante e são considerados potenciais interessados nesta avaliação. O seu papel consiste em preparar os futuros planos de conservação e proteção do ecossistema existente. São responsáveis pela realização de estudos para melhorar a saúde e os serviços do ecossistema.

4.3.4 Departamento de Agricultura

Os projectos agrícolas são a principal atividade da maioria dos beduínos da área de estudo. Por conseguinte, o papel do Departamento de Agricultura é importante para melhorar as condições agrícolas, com as principais tarefas a incluírem o melhoramento do ecossistema existente e a incorporação de bons programas de gestão da água.

4.3.5 Ministério dos Recursos Hídricos e da Irrigação (MWRI)

O MWRI é responsável pelo abastecimento de água na zona para uso doméstico e também para a agricultura. A maioria dos poços profundos na área pertence ao MWRI, especialmente a sua operação, monitorização e manutenção. Para tirar o máximo partido das cheias repentinas, o MWRI está também a construir pequenas barragens, localizadas para colher as cheias para utilização na irrigação sazonal e para recarregar o armazenamento de águas subterrâneas, bem como para proteger a cidade e as populações dos riscos das cheias repentinas.

4.3.6 Universidade do Canal do Suez

A Universidade do Canal de Suez está a cuidar da promoção do desenvolvimento e da prosperidade no Sinai. Os principais objectivos da Universidade do Canal do Suez são orientar o serviço comunitário e os estudos ambientais. As instalações da universidade no Sinai incluem:

- Estação de investigação ambiental no Sul do Sinai;

- Faculdade de agricultura ambiental no Norte do Sinai; e
- Estação de investigação científica marinha em Sharm El Sheikh.

Esta análise das partes interessadas está a aplicar a Escala de Desenvolvimento Sustentável. Nesta escala, é desenvolvido o peso do interesse de cada parte interessada na promoção da saúde do ecossistema e do desenvolvimento sustentável na área de WadiWatir. A posição relevante de cada parte interessada, multiplicada pela influência da parte interessada, decidirá o peso que lhe é atribuído, indicando se este grupo de partes interessadas apoia a sustentabilidade ou é contra ela. A influência vs. a dependência de cada parte interessada pode ser apresentada como mostra a Figura 4.8.

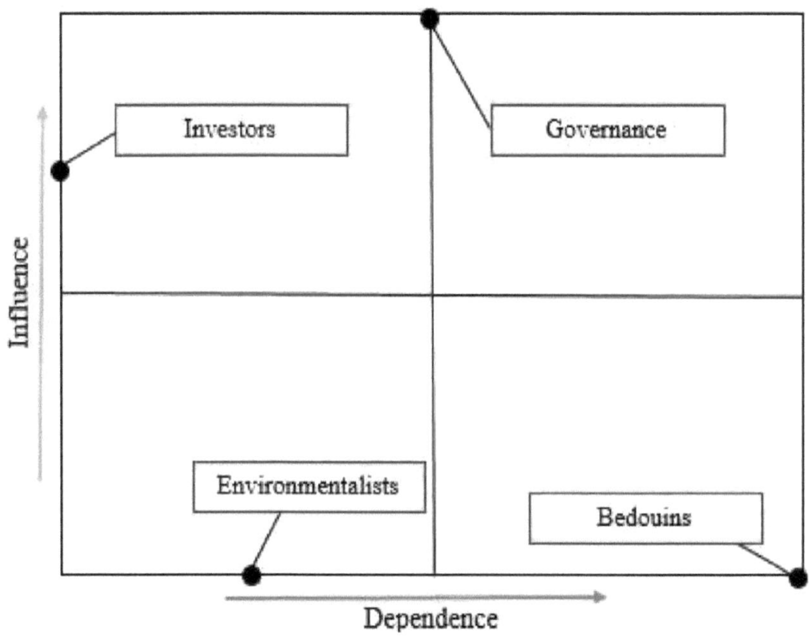

Figura 4.8 Influência vs. dependência de cada parte interessada

CAPÍTULO 5

Metodologia de modelação e descrição

O objetivo do desenvolvimento do modelo é verificar a eficiência da recarga das águas subterrâneas com e sem barragens e o seu efeito na saúde dos GDEs. O desenvolvimento e a aplicação de modelos de recarga têm sido uma pedra angular da investigação hidrológica durante muitas décadas. Em geral, o objetivo do desenvolvimento destes modelos tem duas vertentes. O primeiro é fazer avançar a nossa compreensão e o estado dos conhecimentos sobre os processos hidrológicos. O segundo é fornecer soluções práticas para muitos dos problemas ambientais e de gestão dos recursos hídricos com eles relacionados.

5.1 Metodologia de modelação

O papel da modelação neste estudo é estimar as taxas de recarga para dois cenários diferentes: (a) o primeiro cenário é para simular o processo de recarga das águas subterrâneas em condições normais sem o efeito das estruturas da barragem, e (b) o segundo cenário é para simular o processo de recarga das águas subterrâneas tendo em conta o efeito das estruturas da barragem localizadas nas saídas das principais sub-bacias. Como já foi referido, a bacia hidrográfica de WadiWatir está dividida em muitas sub-bacias com diferentes áreas, topografia e descargas de água e existe uma estrada principal que transporta pessoas para Nuweiba, passando pela corrente principal da bacia hidrográfica, que descarrega diretamente no Golfo de Aqaba.

Durante as cheias repentinas, todas estas bacias hidrográficas descarregam nesta estrada, causando danos e erosão, o que leva à interrupção do transporte para esta área em particular e para a parte oriental do Sinai em geral. Entretanto, verificou-se que a saúde dos GDEs não está bem devido à insuficiência de água.

Este modelo ajuda a estimar a quantidade de água utilizada pelas GDE e a verificar se é suficiente ou não, comparando os níveis de humidade do solo na rizosfera com e sem a presença de água subterrânea. Este modelo fornece estimativas aproximadas, mas é uma ferramenta de investigação útil. O início do modelo requer alguns dados hidrológicos, parâmetros hidráulicos, condições iniciais e de fronteira. A entrada é normalmente o influxo para o aquífero ou a quantidade de água infiltrada que irá percolar para o lençol freático como recarga, que varia temporal e espacialmente. A topografia, a espessura das camadas do solo e do aquífero e a sua condutividade hidráulica horizontal e vertical, a porosidade e o coeficiente de armazenamento, a capilaridade da zona não saturada são também necessários para construir o modelo. As condições iniciais e as condições de fronteira podem estar relacionadas com os níveis, as pressões e as cargas hidráulicas, por um lado (condições de carga), ou com a recarga, a descarga, o influxo e o escoamento, por outro lado (condições de fluxo).

Propõe-se neste estudo a construção de um número de barragens nas saídas das principais sub-bacias por dois aspectos: (a) para evitar a destruição da estrada principal, e (b) para melhorar o processo de recarga das águas subterrâneas que é a principal fonte de água para a vegetação nesta área; melhorando assim a saúde do ecossistema dependente das águas subterrâneas.

Foi construído um mapa SIG para apresentar a bacia hidrográfica de Wadi Watir e as principais linhas de água que a atravessam, bem como a principal estrada de ligação que transporta as pessoas para Nuweiba. Além disso, foram propostas as localizações das barragens nas bacias hidrográficas, como mostra a Figura 5.1.

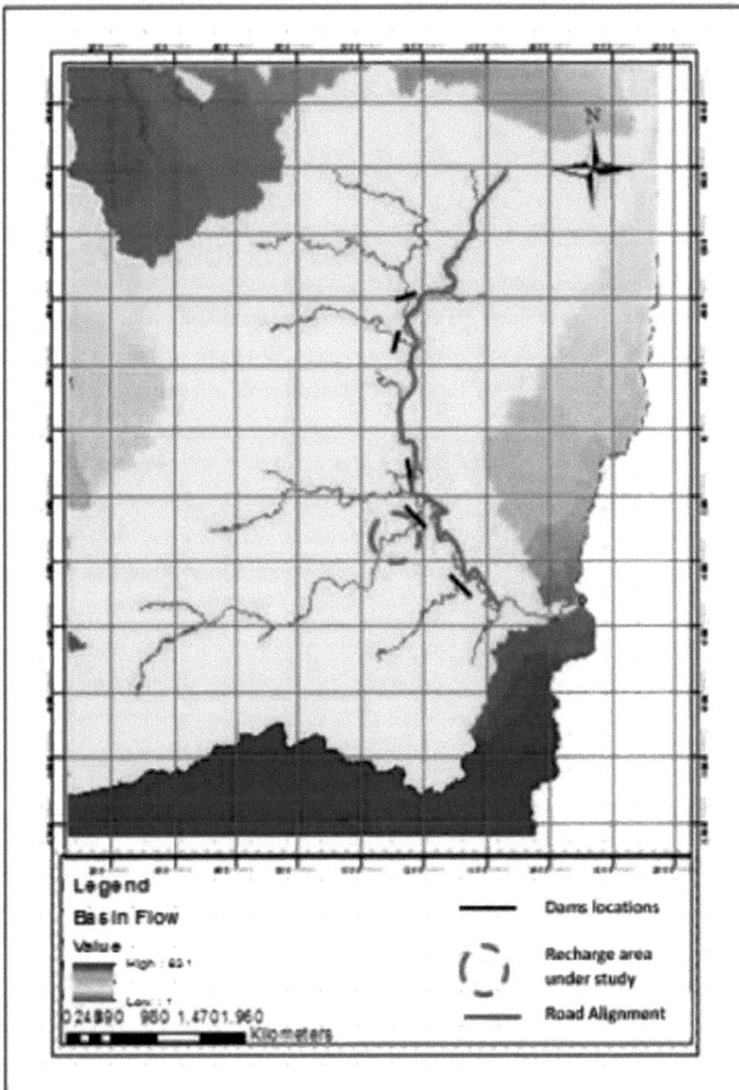

Figura 5.1 Mapa GTS mostrando a área delimitada e a localização das barragens propostas.

5.2 Pressupostos da investigação

a. A principal área de vegetação está concentrada a jusante da barragem, negligenciando a pequena quantidade de vegetação existente nas zonas montanhosas.

b. O efeito da evapotranspiração é negligenciável na zona montanhosa devido ao declive acentuado do Wadi, pelo que a água escorre assim que toca a superfície do solo.
c. Assume-se que a evaporação é uniforme ao longo do tempo na área de recarga atrás da barragem. d. As três parcelas áreas de amostragem são utilizadas como indicador da vegetação para toda a área.
d. Assume-se que os eventos de precipitação são consecutivos, uma vez que a precipitação ocorre em intervalos de tempo longos.
e. A barragem foi indicada como condição de fronteira sem fluxo.

5.3 Pacote Hydrus

Em geral, o Hydrus foi aplicado para analisar e simular a recarga de águas subterrâneas. Este modelo foi utilizado para simular volumes de infiltração de água para recarregar as águas subterrâneas e as funções de modelação digital do terreno foram utilizadas para criar uma modelação do terreno utilizando dados de Sistemas de Informação Geográfica (SIG). Estes dados foram utilizados para delinear as bacias hidrográficas, os cursos de água e as sub-bacias.

O programa Hydrus é utilizado para analisar o movimento da água em meios porosos não saturados, parcialmente saturados ou totalmente saturados. O programa pode tratar regiões de escoamento delimitadas por fronteiras irregulares. A própria região de escoamento pode ser composta por solos não uniformes com um grau arbitrário de anisotropia local. O escoamento pode ocorrer num plano bidimensional vertical ou horizontal, numa região tridimensional com simetria radial em torno do eixo vertical, ou num domínio totalmente tridimensional.

Hydrus é um pacote de software para simular o movimento da água em meios tridimensionais com saturação variável. O pacote de software é composto por um programa de computador e uma interface gráfica interactiva para o utilizador.

O programa Hydrus-3D resolve numericamente a equação de Richards para o fluxo de água com saturação variável. A equação do caudal incorpora um termo de sumidouro para ter em conta a absorção de água pelas raízes das plantas.

O Hydrus depende principalmente das seguintes equações de governação, tendo em conta dois pressupostos: (a) o solo não está saturado de água e (b) a água flui em todos os poros sob pressão positiva (h).

$q = \frac{V}{At}$ em que V é o caudal volumétrico, A é a área da secção transversal e t é o tempo. ... (1)

$q = K(h)\nabla H$ onde K é a condutividade hidráulica do solo e H=h+z representa a carga potencial total, e z representa a elevação. ... (2)

$\frac{\partial\theta}{\partial t} = \frac{\partial}{\partial z}\left(K(h)\frac{\partial h}{\partial\theta}.\frac{\partial\theta}{\partial z}\right) + \frac{\partial K}{\partial\theta}.\frac{\partial\theta}{\partial z}$, em que; θ é o teor de humidade. ... (3)

$\frac{\partial\theta}{\partial t} = \frac{\partial}{\partial z}\left(D(\theta).\frac{\partial\theta}{\partial z}\right) + \frac{\partial K}{\partial\theta}.\frac{\partial\theta}{\partial z}$, em que; *D* é o coeficiente de difusão. ... (4)

$\frac{\partial\theta}{\partial t} = \frac{\partial}{\partial z}\left(D(\theta).\frac{\partial\theta}{\partial z}\right)$ ... (5)

$q = -\left(D(\theta).\frac{\partial\theta}{\partial z}\right) + K(\theta)$ ... (6)

$C\frac{\partial h}{\partial t} = \frac{\partial}{\partial z}\left(K(h)\frac{\partial h}{\partial z}\right) - \frac{\partial K}{\partial h}.\frac{\partial h}{\partial z}$, em que; $C(h) = d\theta\ (h)/dh$ ... (7)

5.4 Sistema de Informação Geográfica (SIG)

O SIG é uma das ferramentas mais importantes para integrar e analisar informações espaciais de diferentes fontes ou disciplinas.

Ajuda a integrar, analisar e representar informações espaciais e bases de dados de qualquer fonte, que podem ser facilmente utilizadas para o planeamento do desenvolvimento de recursos, a proteção ambiental e as investigações e pesquisas científicas (Maruo, 2003).

Os SIG podem fornecer a plataforma adequada para o processamento e análise eficientes de diversos conjuntos de dados para a tomada de decisões na gestão e planeamento das águas subterrâneas. Neste trabalho, é desenvolvida e testada uma metodologia baseada em SIG para a quantificação da recarga de águas subterrâneas.

A tecnologia GIS facilita o processamento de dados, a visualização, a classificação, a avaliação, os cálculos e a preparação de mapas, em comparação com as tecnologias tradicionais. Auxilia na medição, gestão, monitorização e análise multidimensional, operações de modelação, visualização de resultados e processamento de dados.

Além disso, as capacidades de desenvolvimento de modelos que consideram a variabilidade espacial das propriedades são muito avançadas. As ferramentas hidrológicas são utilizadas para obter vários conjuntos de dados que descrevem coletivamente os padrões de drenagem da bacia hidrográfica. A análise raster é realizada para gerar dados sobre a direção do fluxo, acumulação de fluxo, definição do fluxo, segmentação do fluxo e delineação da bacia hidrográfica.

5.5 Dados de entrada de modelação

5.5.1 Condição inicial

As condições iniciais do escoamento de água são definidas pela distribuição espacial inicial da carga de pressão ou do teor de água no domínio do escoamento. A decisão de utilizar a distribuição inicial da carga de pressão ou do teor de água é tomada no módulo principal em "Critérios de Iteração". As condições iniciais são especificadas em duas etapas. Primeiro, a região espacial; depois, é especificado o valor da carga de pressão, h, ou do teor de água, ϑ, atribuído como condição inicial a uma região selecionada. Assume-se uma distribuição linear do teor de água em função da profundidade, fornecendo os valores do teor de água para os limites superior e inferior com base no tipo de solo, que é areia para a área de estudo de WadiWatir.

5.5.2 Condições de fronteira

A etapa das condições de contorno tem por objetivo definir as margens envolventes da área de estudo. A modelação foi aplicada para a área da barragem que acumula água e permite mais tempo para o processo de recarga. As condições de fronteira para ambos os cenários são definidas como se segue e como se mostra na Figura 5.2 e 5.3:

a. A fronteira de superfície é definida como a fronteira atmosférica que segue as condições normais em contacto com a atmosfera.

b. Condição de fronteira de bordas verticais que define a barragem como sem fluxo de um lado e fluxos variáveis para os outros três lados.

c. A condição de fronteira inferior define a distância até ao lençol freático.

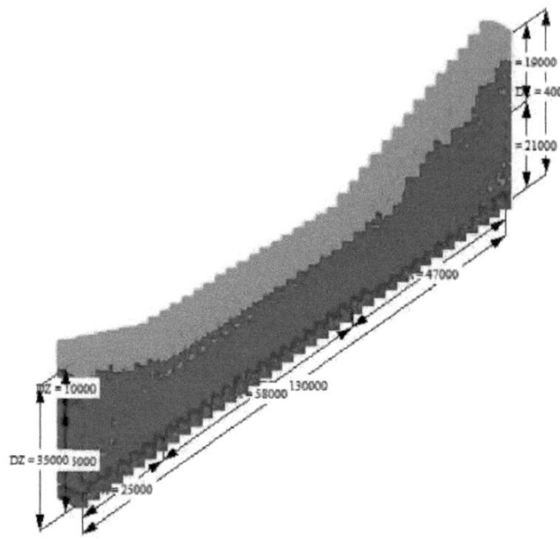

Figura 5.2 Condições de fronteira do cenário A

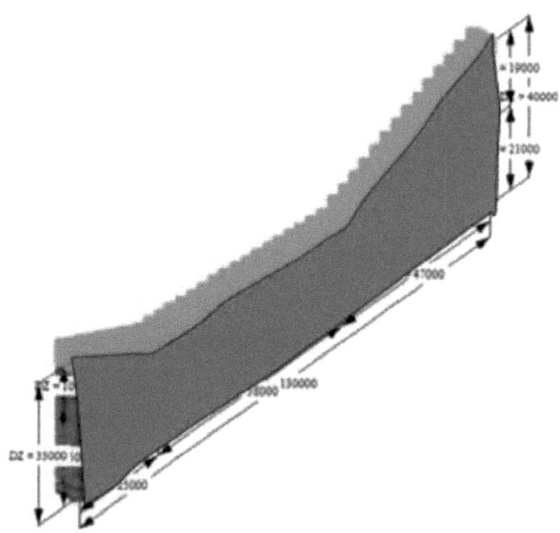

Figura 5.3 Condições de fronteira do cenário B

5.5.3 Variabilidade dos parâmetros com o tempo

A modelação da recarga requer alguns dados meteorológicos e físicos iniciais, como a percipitação, a evaporação, a transpiração e a cabeça de pressão à superfície do solo, para iniciar o processo de iteração, como se mostra no Quadro 5.1.

Quadro 5-1 Descrição dos parâmetros de entrada que variam em função do tempo.

Variable	Description
Time	Time for which a data record is provided [T]. Boundary condition values are specified for the time interval preceding time given at the same line.
Precip	Precipitation [LT^{-1}] (in absolute value) which is applied to the atmospheric boundary.
Evap	Potential evaporation rate [LT^{-1}] (in absolute value) which is applied to the atmospheric boundary.
Trans	Potential transpiration rate [LT^{-1}] (in absolute value).
hCritA	Absolute value of the minimum allowed pressure head at the soil surface [L] which is applied to the atmospheric boundary.

5.5.4 Critérios de iteração

O critério de iteração baseia-se no processo iterativo utilizado para resolver a equação de Richards. Este processo iterativo é utilizado para obter soluções da equação matricial global em cada passo de tempo. Para cada iteração, um sistema de equações algébricas linearizadas é primeiro derivado e depois resolvido utilizando a eliminação gaussiana ou o método do gradiente conjugado. O processo de iteração continua até ser atingido um grau de convergência satisfatório.

O controlo do passo de tempo está relacionado com o ajuste automático do passo de tempo durante os cálculos, que passa por quatro discretizações de tempo, tais como (a) discretizações de tempo associadas à solução numérica, (b) discretizações de tempo associadas à implementação das condições de contorno, (c) discretizações de tempo associadas aos pontos de dados utilizados nos problemas inversos, e (d) discretização de tempo que fornece a saída impressa dos resultados simulados.

5.5.5 Propriedades hidráulicas do solo

As propriedades hidráulicas do solo não saturado, 9 (h) e K (h), são funções não lineares da pressão de pressão. O Hydrus permite a utilização de três modelos analíticos para as propriedades hidráulicas (Brooks e Corey, 1964; Van Genuchten, 1980; e Vogel e Cislerova, 1988).

As funções de retenção de água no solo, 6 (h) e a condutividade hidráulica, K(h), de acordo com Brooks e Corey, (1964) são dadas por (Figura 5.2):

$K = Ks.Se^{\frac{2}{n+l+2}}$, em que Se é o teor efetivo de água, $Se = \frac{\theta-\theta r}{\theta s-\theta r}$ .. (8)

θr eθ s denotam o teor de água residual e saturada, respetivamente, enquanto Ks é a condutividade hidráulica saturada, a é o inverso do valor de entrada de ar, l é o parâmetro de conetividade dos poros e n é o índice de distribuição do tamanho dos poros. O tipo de solo é o solo arenoso, com as seguintes propriedades, conforme indicado na Tabela 5.2 e na Figura 5.2, respetivamente.

Tabela 5-2 Propriedades hidráulicas do solo.

Soil type	θr	θs	A	n	*Ks* (cm/d)	*l*
Sand	0.045	0.43	0.145	2.68	712.8	0.5

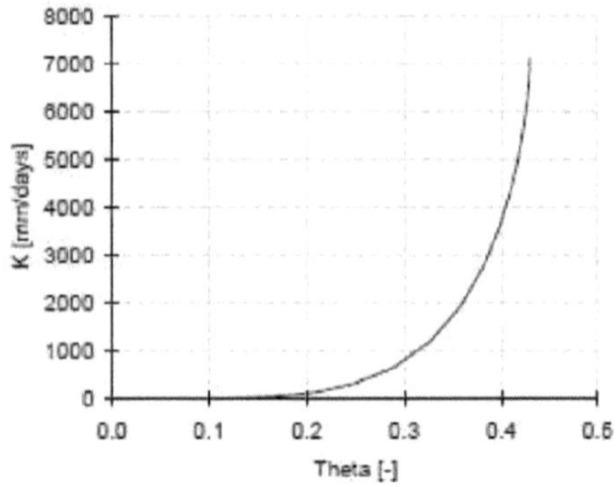

Figura 5.4 Condutividade hidráulica versus teor de água

CAPÍTULO 6

Análise e resultados da modelação da recarga

Esta secção apresenta o cálculo da água subterrânea necessária para as diferentes espécies de plantas, bem como os resultados da modelação da recarga realizada com o Hydrus.

Apresenta também a análise das taxas de recarga estimadas para dois cenários diferentes: (a) O cenário A consiste em simular o processo de recarga de águas subterrâneas em condições normais sem o efeito de estruturas de barragem, e (b) O cenário B consiste em simular o processo de recarga de águas subterrâneas tendo em conta o efeito de estruturas de barragem localizadas nas saídas das principais sub-bacias.

6.1 Estimativa das necessidades de água dos GDEs

Para estimar a água necessária para as GDEs, temos de identificar os principais factores, que são (1) tipo de vegetação numa área específica, e; (2) quantidade de água requerida por cada tipo.

Tal como mencionado anteriormente na Secção 4, as comunidades dominantes de GDE na área de estudo de Wadi são Zygophyllumcoccineum (grupo I), Haloxylonsalicornicum (grupo II) e Acacia tortilisZygophyllumcoccineum (grupo III).

A área correspondente (**Acorr**) coberta por cada espécie apresenta o número de plantas por espécie ou a cobertura vegetal. A quantidade de água necessária para cada espécie de vegetação (**Wv**) é conhecida através da prática e dos conhecimentos comuns, pelo que a quantidade total de água (**Wt**) necessária para as EDG pode ser estimada multiplicando **Acorr** x **Wv**.

Quadro 6-1 Total de água necessária para as GDE na zona de Wadi Watir.

Type of vegetation	Plant cover km^2	Plant No. / m^2	Corresponding Area m^2 (A_{corr})	Species richness	Req. water/one vegetation (W_v)	Water Req. m^3/d ($W_t = A_{corr} \times W_v$)
Zygophyllumcoccineum	-	0.75	300000	High	15 l/d	4500
Haloxylonsalicornicum	7.5	-	7500000	High	$80m^3/d/km^2$	600
Acacia tortilisZygophyllumcoccineum	-	0.13	26000	Low	70 l/d	1820
Total Water requirements by vegetated areas						$6920m^3/d$
						$2525800m^3/yr$

6.2 Cenários de modelação

Neste estudo, foram efectuados dois cenários. O primeiro cenário descreve as condições iniciais de recarga da área de estudo Wadi Watir, e o segundo descreve as alterações na recarga após a utilização da barragem proposta. As Tabelas 6.1 e 6.2 mostram os resultados dos dois cenários ao longo do tempo durante o evento de precipitação.

E a eficiência das barragens na utilização da água das cheias repentinas é uma forma útil de recarregar o lençol freático em vez de destruir as estradas, os ecossistemas e as vidas.

6.2.1 Cenário A

O cenário A é feito para simular o processo de recarga das águas subterrâneas em condições normais sem o efeito de estruturas de barragens. As figuras seguintes mostram o processo de recarga normal na saída da bacia hidrográfica sem barragens durante o período de tempo de um evento intenso.

A quantidade de recarga estimada no Cenário A foi de 4389,685 m3/d, o que é inferior às necessidades hídricas da vegetação que foram estimadas anteriormente em 6920 m3/d, o que significa que existe uma escassez de água na área de Wadi Watir de cerca de 2530,315 m3/d.

Quadro 6-2 Diferentes fases de recarga para o Cenário A

Time	Scenario A	Water Content (θ)
0-5 min	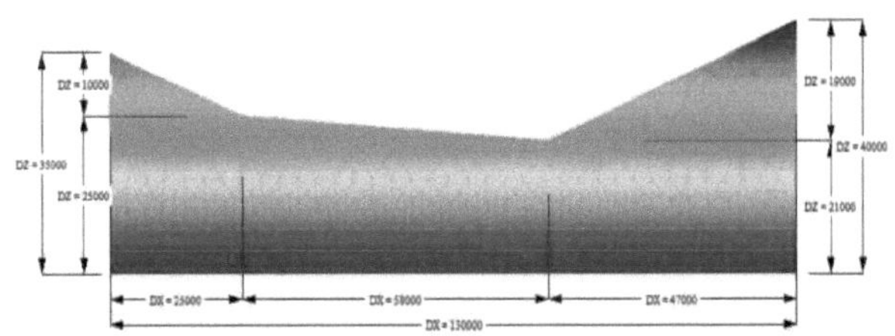	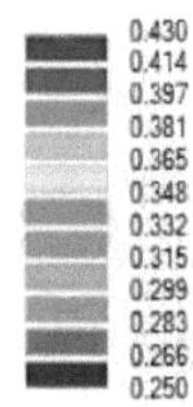
5-20 min	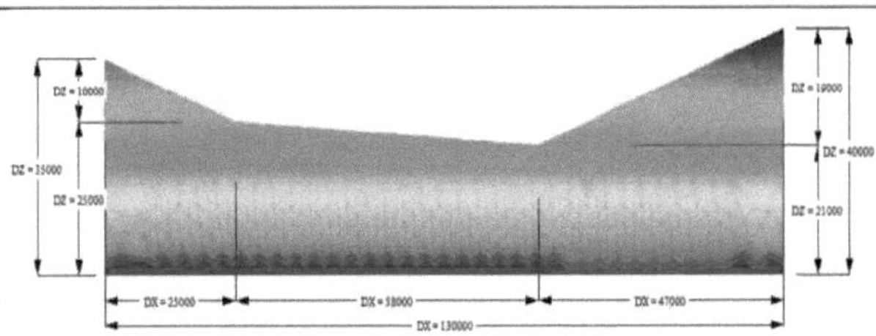	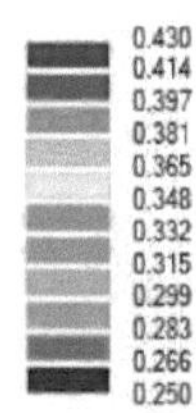
20-30 min	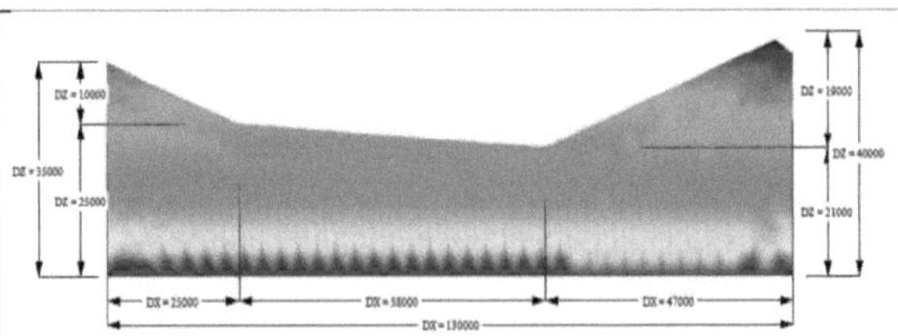	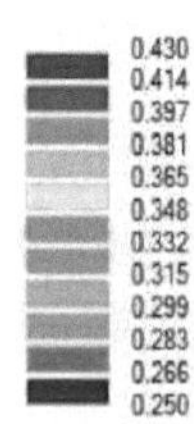

Time	Scenario A	Water Content (θ)
30-60 min	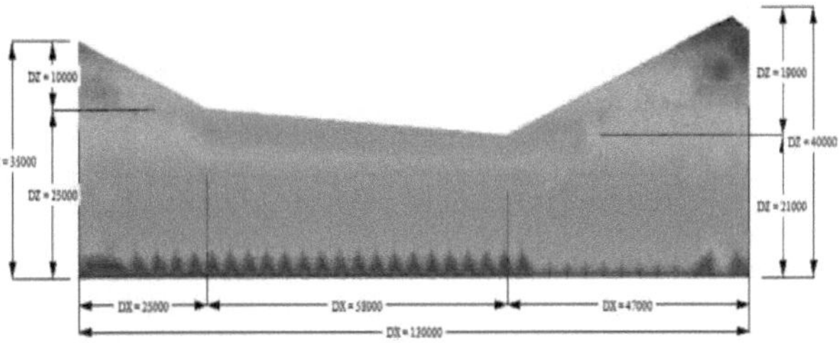	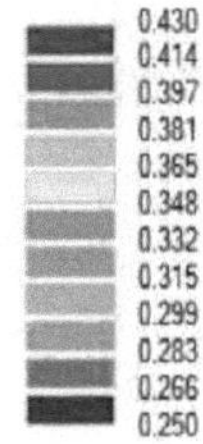
60-120 min	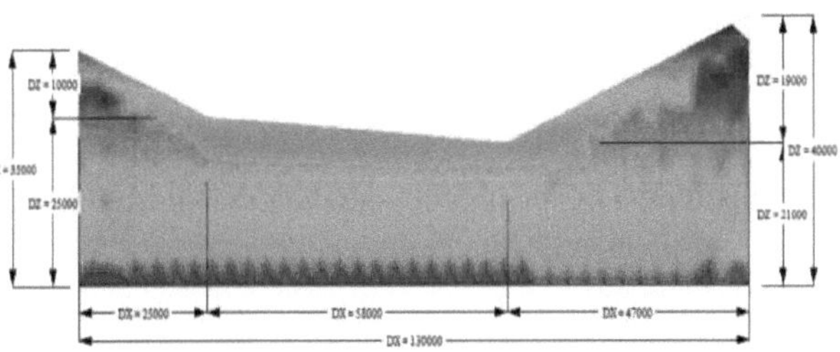	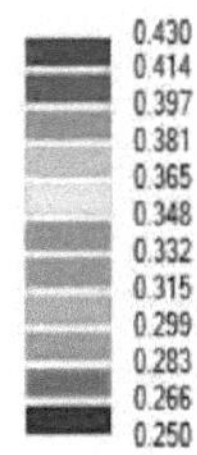
120-252 min	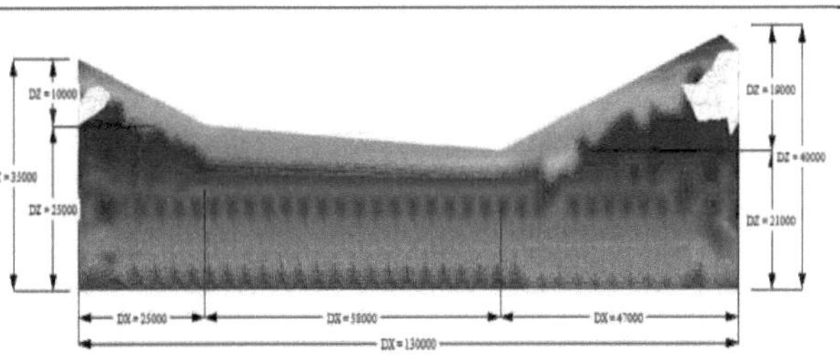	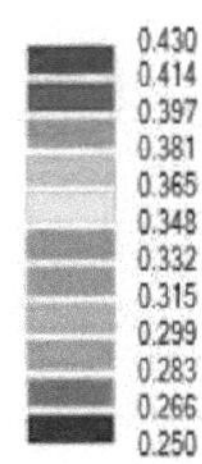

6.2.2 Cenário B

O cenário B é feito para simular o processo de recarga das águas subterrâneas tendo em conta o efeito das estruturas de barragem localizadas nas saídas das principais sub-bacias. As figuras seguintes mostram o processo de recarga na saída da bacia hidrográfica considerando as barragens durante o período de tempo de um evento pesado.

A quantidade de recarga estimada no Cenário B foi de 9184,715 m^3/d, o que é mais do que as necessidades hídricas da vegetação que foram estimadas anteriormente como 6920 m³/d, o que indica que existe um excesso de água na área de Wadi Watir de cerca de 2264,72 m³/d, o que pode contribuir para um ecossistema saudável.

Quadro 6-3 Diferentes fases de recarga para o Cenário B

<table>
<tr><th>Time</th><th>Scenario B</th><th>Water Content
(θ)</th></tr>
<tr><td>0-5 min</td><td>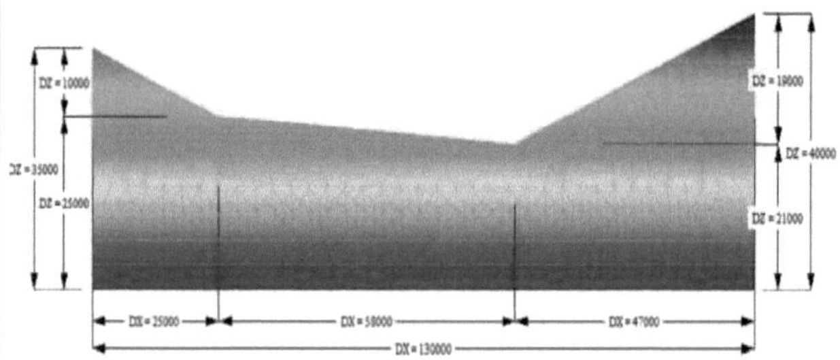
</td><td>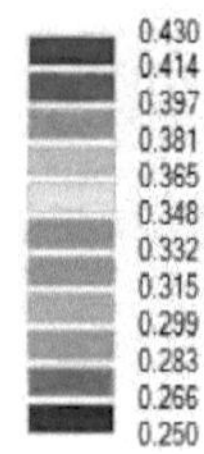
</td></tr>
<tr><td>5-20 min</td><td>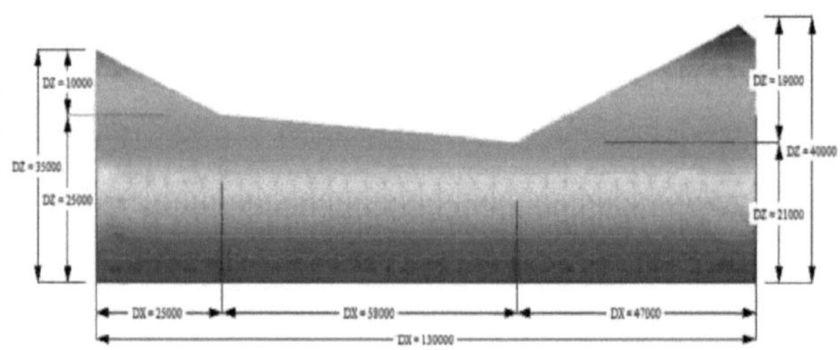
</td><td>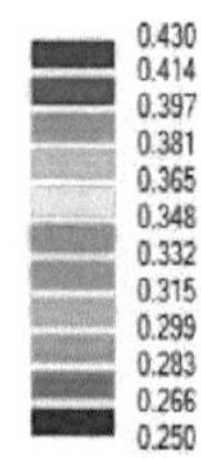
</td></tr>
<tr><td>20-30 min</td><td>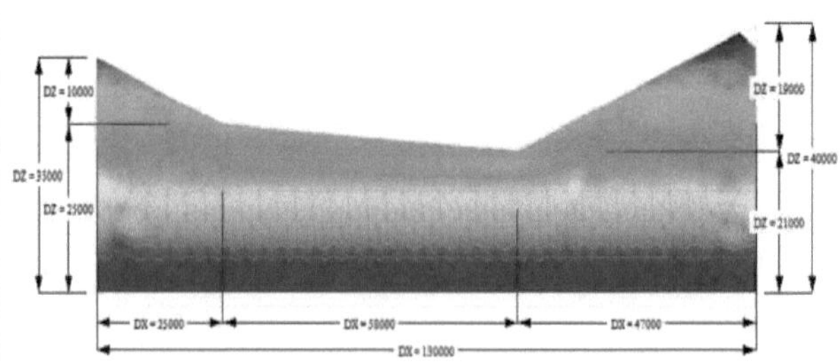
</td><td>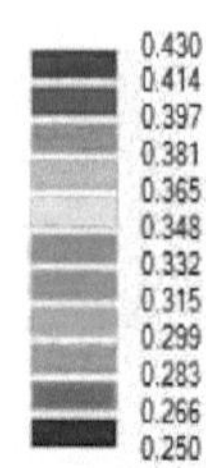
</td></tr>
</table>

Time	Scenario B	Water Content (θ)
30-60 min	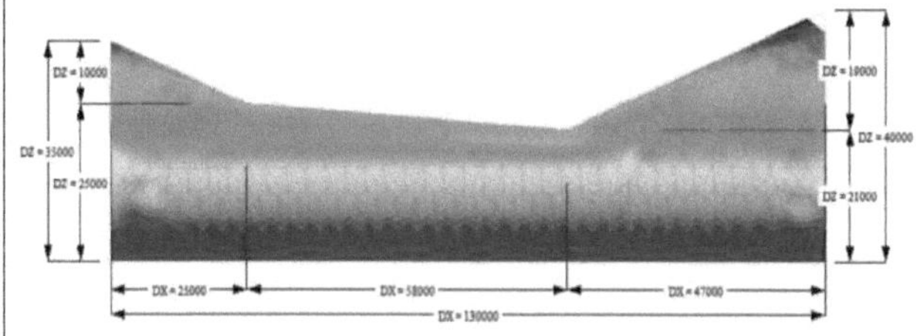	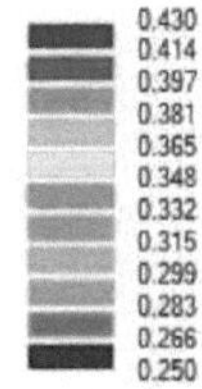
60-120 min	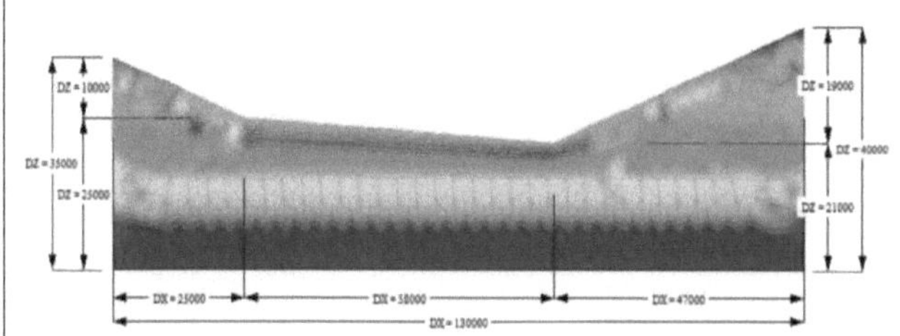	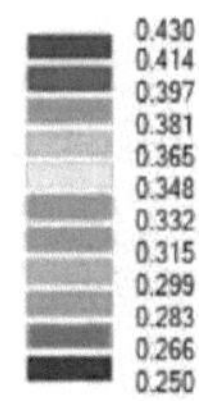
120-252 min	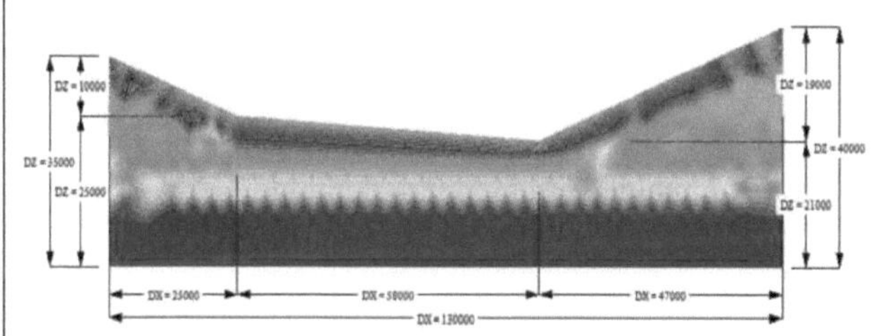	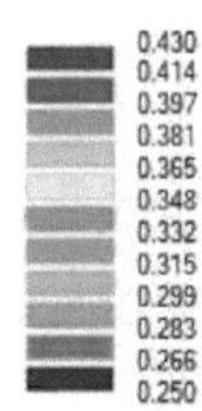

6.3 Análise de barragens de recarga de águas subterrâneas

6.3.1 Análise dos resultados obtidos

A quantidade anual de precipitação ocorrida - na área de WadiWatir, 3440 km^2, que só é efectiva num raio de 156 km^2 - é de cerca de 4.210.526 m^3, o que equivale a 27,45 mm/ano. Cerca de 62% desta quantidade é perdida como evapotranspiração ou como escoamento para o Golfo de Aqaba. Através deste estudo, verificou-se que no cenário A, sem construção de barragens, a quantidade de recarga foi estimada em 1.602.235 m^3, o que equivale a 10,39 mm/ano (38,05% da quantidade total de precipitação anual). No cenário B, com a utilização de barragens nas saídas das principais sub-bacias, verificou-se que a quantidade de recarga aumentou para 3.352.421m^3, o que equivale a 21,7 mm/ano (80% da quantidade total de precipitação anual), como mostram as figuras abaixo.

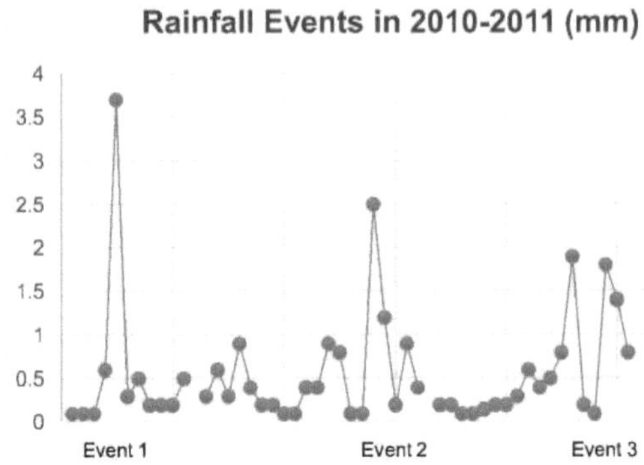

Figura 6.1 Eventos de precipitação durante o ano de estudo 2010-2011

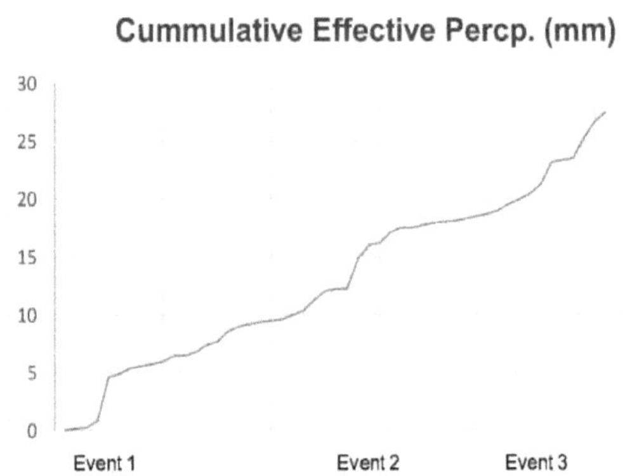

Figura 6.2 Precipitação efectiva acumulada durante o ano de estudo

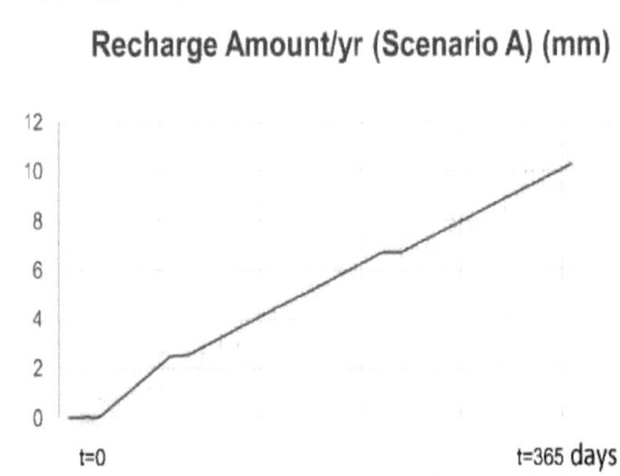

Figura 6.3 Quantidade de recarga por ano (Cenário A)

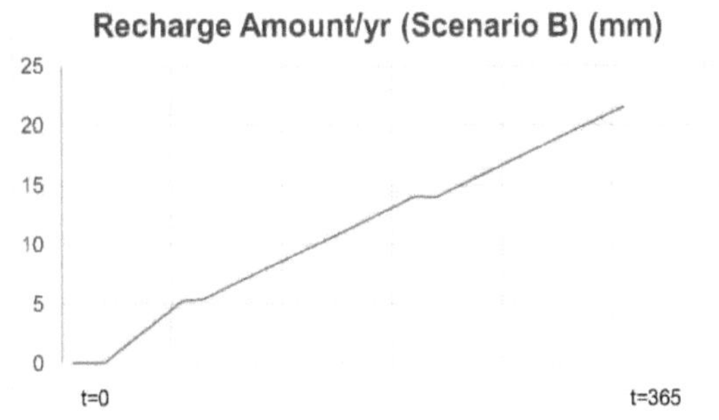

Figura 6.4 Quantidade de recarga por ano (Cenário B)

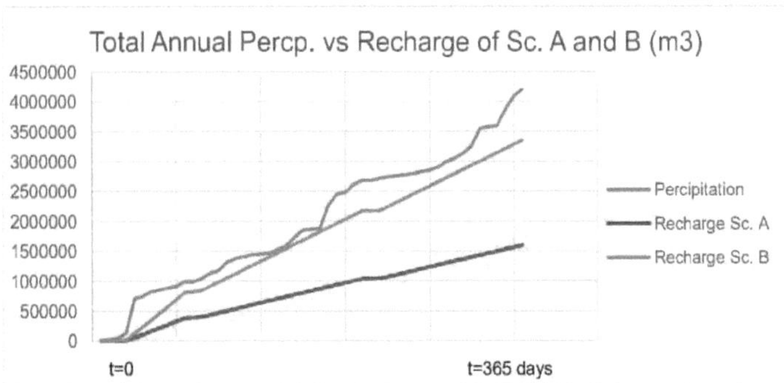

Figura 6.5 Precipitação anual total versus quantidades de recarga dos dois cenários

A quantidade de recarga de água subterrânea pode ser aumentada por barragens muitas vezes quando comparada com a recarga natural. Este efeito positivo ocorre principalmente devido à prevenção de perdas de fluxo para além da área de recarga e devido ao prolongamento da duração da infiltração. Dependendo das condições de contorno específicas do local e da magnitude das cheias, as barragens permitem recarregar o aquífero com mais de 80% da água armazenada.

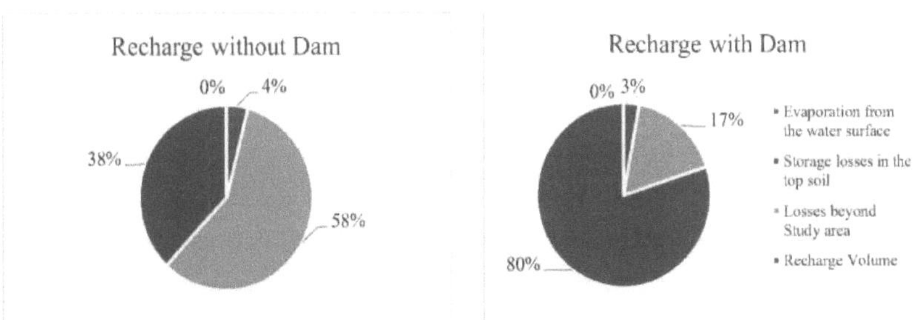

Figura 6.6 Distribuição percentual de água sem e com barragem

6.3.2 Análise do ecossistema dependente de águas subterrâneas

Verificou-se que durante o Cenário A sem a utilização de estruturas de barragem, que apresenta a situação atual de Wadi Watir, a quantidade de recarga foi estimada em 4389,685 m^3/d. No entanto, a análise do ecossistema apresentada em capítulo 4 mostrou que as necessidades de água do ecossistema nesta área são de cerca de 6920 m^3/d, o que significa que existe uma escassez de água na área de Wadi Watir de cerca de 2530,315 m^3/d .

Com a construção de estruturas de barragem nas saídas das principais sub-bacias, verificou-se que a quantidade de recarga é de 9184,715 m^3/d, o que significa que a eficiência da recarga das águas subterrâneas aumentou quase para o dobro. Existe uma quantidade excessiva de água de 2264.72 m^3/d que será armazenada. Esta quantidade de água pode ser utilizada para beber ou para irrigação, o que permitirá aos Bediouns desta área cultivar mais áreas agrícolas.

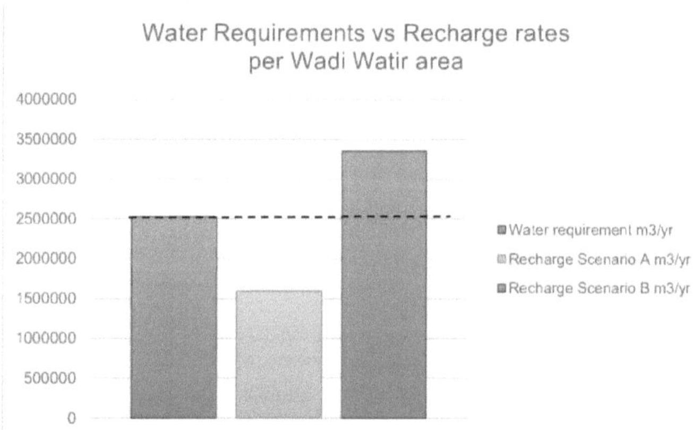

Figura 6.7 Necessidades de água versus taxas de recarga por área de WadiWatir

6.3.3 Eficiência das barragens de recarga de águas subterrâneas

A eficiência das barragens pode ser ilustrada pela comparação dos resultados dos dois cenários, onde a quantidade de recarga aumentou de 38% para 80%, o que é quase o dobro. Além disso, o conteúdo de água tende a atingir a saturação e isso aumentará o armazenamento de água subterrânea em conformidade. O aumento do armazenamento de águas subterrâneas melhorará a saúde dos GDEs e aumentará o armazenamento estratégico de água para usos futuros, além de proporcionar mais oportunidades para a realização de projectos agrícolas nesta área.

Em solos arenosos, as taxas de infiltração são algumas centenas de vezes mais elevadas do que as taxas de evaporação em climas áridos. Assim, a evaporação da superfície da água nos canais dos wadi durante os eventos de recarga pode ser negligenciada. No entanto, após um evento de recarga, o solo é seco pela evaporação do vapor de água. A influência da evaporação prossegue para baixo ao longo do tempo.

CAPÍTULO 7

Conclusões e recomendações

7.1 Conclusões

Os ecossistemas dependentes das águas subterrâneas têm prestado serviços valiosos aos seres humanos e aos ecossistemas. No entanto, os governos, as organizações não governamentais e as instituições académicas têm dado pouca ênfase ao estudo dos impactos nestes ecossistemas. A gestão desta variabilidade e complexidade exigirá uma abordagem multidisciplinar a todos os níveis da sociedade para desenvolver estratégias de adaptação específicas para cada escala. A ciência terá de enfrentar o desafio de sintetizar os resultados da investigação e empregar modelos numéricos para fornecer aos gestores e decisores políticos cenários de gestão claros e baseados na ciência. Outro papel da ciência é apoiar a monitorização da resposta do recurso a acções de gestão específicas.

As estimativas da recarga das águas subterrâneas são essenciais para a gestão dos aquíferos subterrâneos, fornecendo informações para a utilização sustentável dos recursos hídricos subterrâneos. Requer uma abordagem abrangente que inclua todos os factores que influenciam a recarga, como a humidade do solo, a precipitação, o escoamento superficial, a evapotranspiração e a ocupação do solo. Ao longo dos anos, o aumento da população, a urbanização e a expansão da agricultura de regadio levaram à exploração não científica das águas subterrâneas, criando uma situação de stress hídrico. Esta situação alarmante exige uma técnica eficaz em termos de tempo e de custos para uma avaliação adequada dos recursos hídricos subterrâneos e para o planeamento da gestão.

Este estudo permite concluir as seguintes questões

a. Esta investigação é um potencial para mais estudos nesta área para uma modelação detalhada da superfície e da subsuperfície, para além do projeto da barragem.

b. A quantidade de recarga das águas subterrâneas pode ser aumentada pelas barragens para o dobro quando comparada com a recarga natural.

c. Esta investigação ajudou a estimar a quantidade de água necessária para uma vegetação saudável.

d. Este estudo mostrou uma relação entre as quantidades de recarga nos dois diferentes
e comparou-os com a água necessária para a vegetação.

e. O Hydrus é um programa eficiente para ser utilizado na comparação de vários cenários de águas subterrâneas e ajuda em várias avaliações.

7.2 Recomendações

As recomendações que se seguem baseiam-se no estudo de investigação, devido à crescente preocupação com o declínio potencialmente insustentável do nível das águas subterrâneas, a subsidência local e a degradação do ecossistema dependente das águas subterrâneas em muitas bacias e o reconhecimento comum de que são necessárias mais acções para promover e alcançar a sustentabilidade das águas subterrâneas em todo o WadiWatir. As recomendações estão divididas em três direcções principais, como se segue:

7.2.1 Estudos e considerações futuros recomendados

Tal como outras formas de gestão dos recursos naturais, a gestão dos recursos hídricos subterrâneos deve funcionar de acordo com os princípios do Desenvolvimento Ecologicamente Sustentável. Para tal, a investigação futura deve integrar-se de forma consistente com os princípios de conservação da diversidade biológica, nomeadamente:

a. A modelação e o mapeamento do escoamento superficial são necessários para conceber a barragem e a altura de água real específica retida atrás da barragem.

b. É necessária uma cartografia detalhada da vegetação para obter resultados mais exactos.

c. Deverão ser investigadas as ligações entre o GWT elevado atrás da barragem e a vegetação localizada na zona a jusante.

d. A construção de barragens/reservatórios tem de ser projectada tendo em conta o respeito pela injeção de calda de cimento.

e. Proibição da extração de águas subterrâneas: Devem ser estabelecidas restrições claras para que a população local não permita a construção de poços ilegais.

7.2.2 Objectivos políticos para alcançar a sustentabilidade das águas subterrâneas

Para garantir a sustentabilidade das águas subterrâneas e melhorar a saúde do ecossistema, devem ser promovidos os seguintes objectivos políticos:

a. Melhorar a gestão local. Os recursos hídricos subterrâneos devem ser melhor geridos pelas agências locais e regionais, com o contributo das partes interessadas locais, em conjunto com a população governamental, através de um desenvolvimento local.

b. Melhorar a disponibilidade de dados. Atualmente, as Organizações Não Governamentais (ONG) monitorizam e recolhem dados sobre as águas subterrâneas para implementar estratégias bem sucedidas de gestão das águas subterrâneas, de modo a resolver as condições e preocupações com o excesso de água. Estas estratégias e dados devem ser disponibilizados ao público, tanto a nível local como ao Estado, através do Departamento de Recursos Hídricos.

c. Aumentar a recarga artificial de águas subterrâneas. O armazenamento de águas superficiais em bacias de armazenamento subterrâneas é necessário para otimizar a utilização dos recursos hídricos limitados e altamente variáveis do Estado. O Governo deve seguir passos estratégicos para desenvolver novos projectos significativos de armazenamento de águas subterrâneas e de utilização conjunta.

d. Remover os impedimentos à recarga. A utilização bem planeada e gerida dos recursos de águas superficiais, águas recicladas, águas pluviais e águas subterrâneas para maximizar a disponibilidade e fiabilidade do abastecimento de água é um método de gestão essencial. As políticas que impedem a recarga das águas subterrâneas devem ser avaliadas e revistas conforme necessário.

7.2.3 Acções administrativas e legislativas estatais recomendadas

Adotar requisitos mínimos para os planos de gestão sustentável das águas subterrâneas e para a sua aplicação. Devem ser estabelecidos os seguintes requisitos para iniciar e aplicar um plano eficaz de gestão sustentável das águas subterrâneas e melhorar a saúde dos ecossistemas.

a. As autoridades devem identificar e priorizar as suas acções com base na gravidade das ameaças às águas subterrâneas na área que não estão atualmente a ser geridas pela população local, agências regionais ou disciplinas governamentais.

b. Adotar a definição estatal de "gestão sustentável das águas subterrâneas". É a gestão e utilização das águas subterrâneas de uma forma que pode ser mantida durante o horizonte de planeamento e implementação sem causar consequências ambientais, económicas ou sociais inaceitáveis através do desenvolvimento e implementação com base nas melhores práticas de gestão, ciência disponível, monitorização, previsão e recursos actualizados.

c. Proibição da extração de águas subterrâneas. A extração de águas subterrâneas para terrenos recentemente urbanizados e aquíferos não licenciados fora das áreas de gestão de águas subterrâneas é uma questão importante.

d. Aplicar as melhores práticas de gestão. As BMP devem incluir os seguintes itens:
    - Ilustração dos objectivos das práticas de gestão da bacia.
    - Métodos de implementação de programas de monitorização de águas subterrâneas para extração, recarga, elevação, armazenamento estratégico e qualidade da água.
    - Métodos de autorização de poços, escavação, espaçamento e construção de poços.
    - Procedimentos de avaliação e implementação para aumentar as reservas de água subterrânea para captação de cheias repentinas e potenciais projectos de tratamento e recarga conexos, sistemas de retorno nas explorações agrícolas, controlo de cheias com objectivos múltiplos.
    - Métodos para elaborar indicadores de sustentabilidade relevantes que possam ser utilizados para validar a gestão sustentável das águas subterrâneas.

e. Medidas de atenuação. Incluir planos de emergência, se for caso disso, para dar resposta a quaisquer preocupações identificadas em matéria de qualidade ou quantidade de água.

Referências

Biermann, F., &Pattberg, P. (2008). Global environmental governance: Taking stock, moving forward. Annual Review of Environment and Resources, 33, 277-294.

Bloomfield, J. P., Williams, R. J., Gooddy, D. C., Cape, J. N., &Guha, P. (2006). Impactos das alterações climáticas no destino e comportamento dos pesticidas nas águas superficiais e subterrâneas - uma perspetiva do Reino Unido. Science of the total Environment,369(1), 163-177.

Boomer, K. M. B., & Bedford, B. L. (2008). Os gradientes redox induzidos pelas águas subterrâneas controlam as propriedades do solo e a disponibilidade de fósforo em quatro zonas húmidas de cabeceira, Nova Iorque, EUA. Biogeochemistry, 90(3), 259-274.

Bouwer, H. (2002). Recarga artificial de águas subterrâneas: hidrogeologia e engenharia. Hydrogeology Journal, 10(1), 121-142.

Cash, D. W., Adger, W. N., Berkes, F., Garden, P., Lebel, L., Olsson, P., & Young, O. (2006). Escala e dinâmica entre escalas: governação e informação num mundo multinível. Ecologia e sociedade, 11(2), 8.

Dietz, T. & York, R., Rosa, E. A. (2003). Pegadas na terra: The environmental consequences of modernity. American Sociological Review, 279-300.

Dripps, W. R., & Bradbury, K. R. (2007). Um modelo simples de balanço hídrico diário do solo para estimar a distribuição espacial e temporal da recarga de águas subterrâneas em zonas húmidas temperadas. Hydrogeology Journal, 15(3), 433-444.

Eamus, D., Froend, R., Loomes, R., Hose, G., & Murray, B. (2006). A functional methodology for determining the groundwater regime needed to maintain the health of groundwaterdependent vegetation. Australian Journal of Botany, 54(2), 97-114.

El Samie, S. A., &Sadek, M. (2001). Recarga e fluxo de água subterrânea no aquífero de arenito núbio do Cretáceo inferior na Península do Sinai, utilizando técnicas isotópicas e hidroquímicas. Hydrogeology Journal, 9(4), 378-389.

FAO. (2011). Organização das Nações Unidas para a Alimentação e a Agricultura, Retrieved from http://www.fao.org/wairdocs/ILRI/x5499E/x5499e03.htm.

Folke, C., Hahn, T., Olsson, P., & Norberg, J. (2005). Adaptive governance of social-ecological systems. Annu. Rev. Environ. Resour. 30, 441-473.

Foster, S., e Loucks, D. P. (eds). (2006). Non-renewable groundwater resources: A guidebook on socially-sustainable management for water-policy makers. IHP-VI, Série sobre águas subterrâneas no. 10. Paris, França: UNESCO e Banco Mundial.

Freeze, A., Cherry, A. (1979). Groundwater. Prentice-Hall: Upper Saddle River, NJ; 605.

Gallopin, G. C., Young, O. R., Berkhout, F., Janssen, M. A., Ostrom, E., & van der Leeuw, S. (2006) . A globalização dos sistemas socio-ecológicos: Uma agenda para a investigação científica. Mudanças Ambientais Globais, 16(3), 304-316.

Gat, J. R., &Issar, A. (1974). Hidrologia isotópica do deserto: fontes de água do deserto do Sinai. GeochimicaetCosmochimicaActa, 38(7), 1117-1131.

GENESIS, (n.d.). Novos indicadores para avaliar a vulnerabilidade do GDE: Produto do projeto GENESIS D4.3.

George, R. J., Nulsen, R. A., Ferdowsian, R., &Raper, G. P. (1999). Interações entre árvores e águas subterrâneas em áreas de recarga e descarga Um estudo de locais da Austrália Ocidental. Agricultural water management, 39(2), 91-113.

Gooijer, G. de., Lofgren, R., Granit, J., Jägerskog, A., Aureli, A., &Renck, A. (2009). Innovations in groundwater governance in the MENA region (Inovações na governação das águas subterrâneas na região MENA). Stockholm.

Hartono, S. (2005). Estimativa espacial e temporal da bombagem e recarga na análise do sistema de águas subterrâneas (Dissertação de doutoramento, Louisiana State University).

Kerr, J. (2007). Watershed management: lessons from common property theory (Gestão de bacias hidrográficas: lições da teoria da propriedade comum). International Journal of the Commons, 1(1), 89-110.

Kemper, K. E. (2007). Instrumentos e instituições para a gestão das águas subterrâneas. The Agricultural Groundwater Revolution: Opportunities and Threats to Development, 153-172.

Kløve, B., Ala-Aho, P., Bertrand, G., Boukalova, Z., Erturk, A., Goldscheider, N., Ilmonen, J., Karakaya, N., Kupfersberger, H., Kvcerner, J., Lundberg, A., Mileusnic, M., Moszczynska, A., Moutka, T., Preda, E., Rossi, P., Siergieiev, D., Simek, J., Wachniew, P., Angheluta, V. &Widerland, A. (2011). Ecossistemas dependentes de águas subterrâneas. Parte I: Estado e tendências hidroecológicas. Ciência e Política Ambiental, 14(7), 770-781.

Kløve, B., Ala-Aho, P., Bertrand, G., Gurdak, J.J., Kupfersberger, H., Kvaerner, J., Muotka, T., Mykra, H., Preda, E., Rossi, P., Uvo, C.B., Velasco, E. & Velazquez, M.P. (2014). Impactos das alterações climáticas nas águas subterrâneas e ecossistemas dependentes. Journal of Hydrology, 518, 250-266.

Kumar, M. D. (2005). Impact of electricity prices and volumetric water allocation on energy and groundwater demand management: analysis from Western India. Energy Policy, 33(1), 3951.

Mukherji, A., & Shah, T. (2005). Groundwater socio-ecology and governance: a review of institutions and policies in selected countries. Hydrogeology Journal,13(1), 328-345.

Maruo, Y., Hiwot, A. G., Lulu, S., &Gorfu, A. (2004). Application of Geographic Information System (GIS) For Groundwater Resource Management: Centro de Formação em Desenvolvimento de Águas Subterrâneas e Abastecimento de Água, 14pp.

Murray, B. R., Hose, G. C., Eamus, D., & Licari, D. (2006). Avaliação de ecossistemas dependentes de águas subterrâneas: uma metodologia funcional que incorpora serviços ecossistémicos. Australian Journal of Botany, 54(2), 221-229.

OCDE. (2011). Governação da água nos países da OCDE: A multi-level approach. Organização para a Cooperação e o Desenvolvimento Económico (OCDE), Paris

Okin, G. S., Parsons, A. J., Wainwright, J., Herrick, J. E., Bestelmeyer, B. T., Peters, D. C., & Fredrickson, E. L. (2009). Do changes in connectivity explain desertification? BioScience, 59(3), 237-244.

Pandey, V. P., Shrestha, S., Chapagain, S. K., &Kazama, F. (2011). Um quadro para medir a sustentabilidade das águas subterrâneas. Environmental Science & Policy, 14(4), 396-407.

Puri, S., Appelgren, B., Arnold, G., Aureli, A., Burchi, S., Burke, J., & Pallas, P. (2001). Gestão de recursos aquíferos partilhados internacionalmente (transfronteiriços): A sua importância e gestão sustentável. Um documento de enquadramento. Em Internationally Shared (Transboundary) Aquifer Resources Management: their significance and sustainable management. Um documento de referência. UNESCO.

Ross, A., & Martinez-Santos, P. (2010). O desafio da governação das águas subterrâneas: estudos de caso de Espanha e da Austrália. Regional Environmental Change, 10(4), 299-310.

Rushton, K. R., Eilers, V. H. M., & Carter, R. C. (2006). Metodologia melhorada de balanço de humidade do solo para estimativa de recarga. Journal of Hydrology, 318(1), 379-399.

Rushton, K. R., & Ward, C. (1979). The estimation of groundwater recharge (A estimativa da recarga de águas subterrâneas). Journal of Hydrology, 41(3), 345-361.

Salama, F. M., El-Ghani, M. M. A., El-Naggar, S. M., &Aljarroushi, M. M. (2013). Análise da vegetação e diversidade de espécies no ecossistema desértico dos wadis costeiros do sul do Sinai, Egito. Journal of

Biology and Earth Sciences,3(2), B214-B227.

Taylor, C. A., & Stefan, H. G. (2009). Resposta da temperatura das águas subterrâneas superficiais às alterações climáticas e à urbanização. Journal of Hydrology, 375(3), 601-612.

Theesfeld, I. (2008, julho). A Review on National Groundwater Policy Instruments Grasping Institutional Aspects for Transboundary Groundwater Governance. In Proceedings of the 12th Annual International Association for the Study of the Commons (IASC) Conference. Cheltenham, Inglaterra. Disponível online em: http://iasc2008. glos.ac. uk/conference% 20papers/papers/Theesfeld_155301. pdf.

Treidel, H., Martin-Bordes, J. L., &Gurdak, J. J. (Eds.). (2011). Climate change effects on groundwater resources: a global synthesis of findings and recommendations. CRC Press.

Twarakavi, N. K. C., Simunek, J., &Seo, S. (2009). Resposta a "Comment on 'Evaluating Interactions between Groundwater and Vadose Zone Using the HYDRUS-based Flow Package for MODFLOW'" por Navin Kumar C. Twarakavi, JirkaSimunek, e Sophia Seo. Vadose Zone Journal, 8(3), 820-821.

Viglizzo, E. F., Jobbágy, E. G., Carreño, L., Frank, F. C., Aragón, R., Oro, L. D., & Salvador, V. (2009). A dinâmica do cultivo e das inundações em terras aráveis da Argentina Central. Hidrologia e Ciências do Sistema Terrestre, 13(4), 491-502.

Ward, R. S., Streetly, M. J., Singleton, A. J., & Sears, R. (2004). A framework for monitoring regional groundwater quality. Quarterly journal of engineering geology and hydrogeology, 37(4), 271-281.

Wassen, M. J., Venterink, H. O., Lapshina, E. D., &Tanneberger, F. (2005). As plantas ameaçadas de extinção persistem sob limitação de fósforo. Nature, 437(7058), 547-550.

Werner, K. J., &Zedler, J. B. (2002). Como os solos dos prados de juncos, a microtopografia e a vegetação respondem à sedimentação. Wetlands, 22(3), 451-466.

Young, O. R. (2002). The institutional dimensions of environmental change: fit, interplay, and scale. MIT press.

Apêndices

A: Resultados obtidos com esta investigação

A-I: Apresentação analítica dos resultados

Peff (mm)	Peff Acc. (mm)	Peff (m3)	Peff Acc. (m3)	R Sc1 (mm)	R Sc1 (m3)	R Sc2 (mm)	R Sc2 (m3)
0.1	0.1	15338.89	15338.89	0.01	1556.03	0.03	4665.741
0.1	0.2	15338.89	30677.78	0.02	3112.059	0.05	7776.234
0.1	0.3	15338.89	46016.68	0.03	4668.089	0.08	12441.97
0.6	0.9	92033.36	138050	0.04	6224.118	0.11	17107.72
3.7	4.6	567539	705589.1	0.387143	60240.57	0.837143	130196.4
0.3	4.9	46016.68	751605.7	0.734286	114257	1.564286	243285
0.5	5.4	76694.46	828300.2	1.081429	168273.5	2.291429	356373.7
0.2	5.6	30677.79	858978	1.428571	222289.9	3.018571	469462.4
0.2	5.8	30677.79	889655.8	1.775714	276306.4	3.745714	582551

0.2	6	30677.79	920333.5	2.122857	330322.8	4.472857	695639.7
0.5	6.5	76694.46	997028	2.47	384339.3	5.2	808728.4
	6.5		997028	2.53	393675.5	5.3	824280.8
0.3	6.8	46016.68	1043045	2.584	402078	5.44	846054.3
0.6	7.4	92033.36	1135078	2.800316	435737.4	5.890526	916122.3
0.3	7.7	46016.68	1181095	3.016632	469396.8	6.341053	986190.2
0.9	8.6	138050	1319145	3.232947	503056.2	6.791579	1056258
0.4	9	61355.57	1380500	3.449263	536715.5	7.242105	1126326
0.2	9.2	30677.79	1411178	3.665579	570374.9	7.692632	1196394
0.2	9.4	30677.79	1441856	3.881895	604034.3	8.143158	1266462
0.1	9.5	15338.89	1457195	4.098211	637693.7	8.593684	1336530
0.1	9.6	15338.89	1472534	4.314526	671353.1	9.044211	1406598
0.4	10	61355.57	1533889	4.530842	705012.4	9.494737	1476666
0.4	10.4	61355.57	1595245	4.747158	738671.8	9.945263	1546734
0.9	11.3	138050	1733295	4.963474	772331.2	10.39579	1616802
0.8	12.1	122711.1	1856006	5.179789	805990.6	10.84632	1686870
0.1	12.2	15338.89	1871345	5.396105	839649.9	11.29684	1756938
0.1	12.3	15338.89	1886684	5.612421	873309.3	11.74737	1827006
2.5	14.8	383472.3	2270156	5.828737	906968.7	12.19789	1897074
1.2	16	184066.7	2454223	6.045053	940628.1	12.64842	1967142
0.2	16.2	30677.79	2484901	6.261368	974287.4	13.09895	2037210
0.9	17.1	138050	2622951	6.477684	1007947	13.54947	2107278

Peff (mm)	**Peff Acc. (mm)**	**Peff (m3)**	**Peff Acc. (m3)**	**R Sc1 (mm)**	**R Sc1 (m3)**	**R Sc2 (mm)**	**R Sc2 (m3)**
0.4	17.5	61355.57	2684306	6.694	1041606	14	2177346
	17.5		2684306	6.71	1044096	14	2177346
0.2	17.7	30677.79	2714984	6.726	1046585	14	2177346
0.2	17.9	30677.79	2745662	6.936056	1079271	14.44444	2246468
0.1	18	15338.89	2761001	7.146111	1111956	14.88889	2315590
0.1	18.1	15338.89	2776340	7.356167	1144641	15.33333	2384712
0.15	18.25	23008.34	2799348	7.566222	1177327	15.77778	2453834
0.2	18.45	30677.79	2830026	7.776278	1210012	16.22222	2522956
0.2	18.65	30677.79	2860703	7.986333	1242697	16.66667	2592078
0.3	18.95	46016.68	2906720	8.196389	1275382	17.11111	2661200
0.6	19.55	92033.36	2998753	8.406444	1308068	17.55556	2730322
0.4	19.95	61355.57	3060109	8.6165	1340753	18	2799444
0.5	20.45	76694.46	3136804	8.826556	1373438	18.44444	2868566
0.8	21.25	122711.1	3259515	9.036611	1406123	18.88889	2937689
1.9	23.15	291439	3550954	9.246667	1438809	19.33333	3006811
0.2	23.35	30677.79	3581631	9.456722	1471494	19.77778	3075933
0.1	23.45	15338.89	3596970	9.666778	1504179	20.22222	3145055
1.8	25.25	276100.1	3873070	9.876833	1536864	20.66667	3214177
1.4	26.65	214744.5	4087815	10.08689	1569550	21.11111	3283299
0.8	27.45	122711.1	4210526	10.29694	1602235	21.55556	3352421

A-II: Apresentação gráfica dos resultados

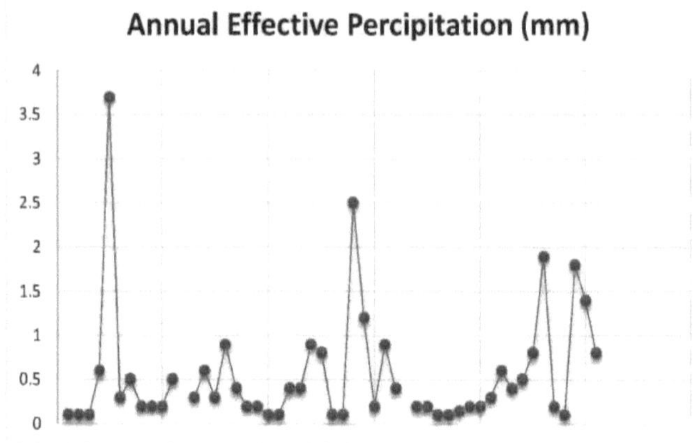
Annual Effective Percipitation (mm)
4
3.5
3
2.5
2
1.5
1
0.5
0

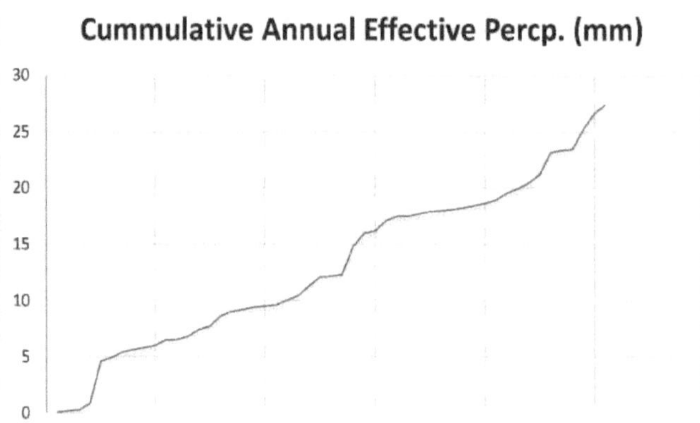
Cummulative Annual Effective Percp. (mm)
30
25
20
15
10
5
0

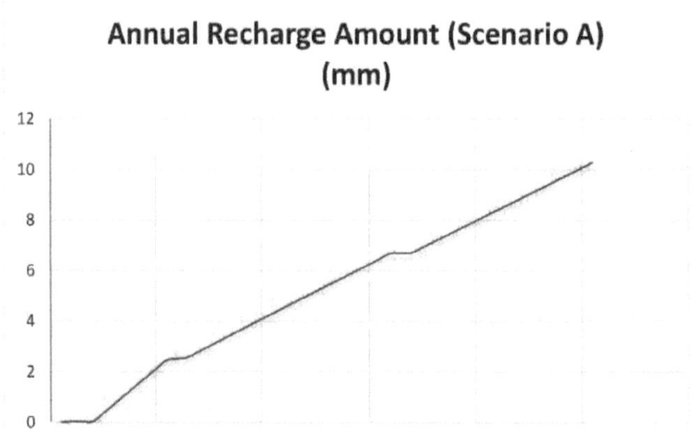
Annual Recharge Amount (Scenario A) (mm)
12
10
8
6
4
2
0

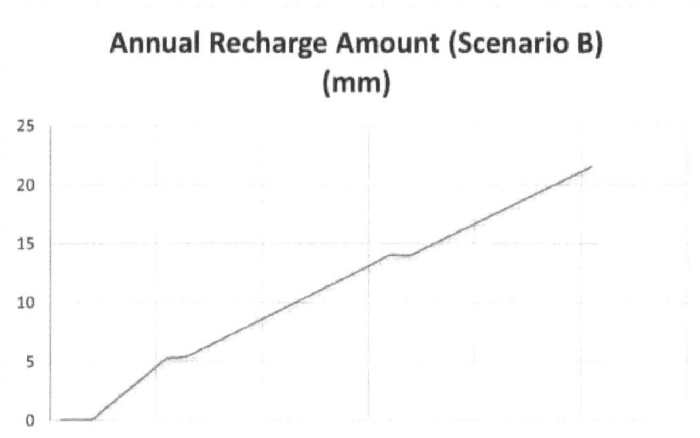

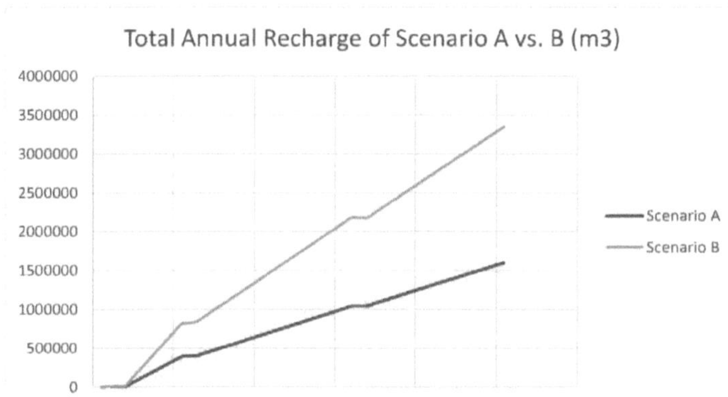

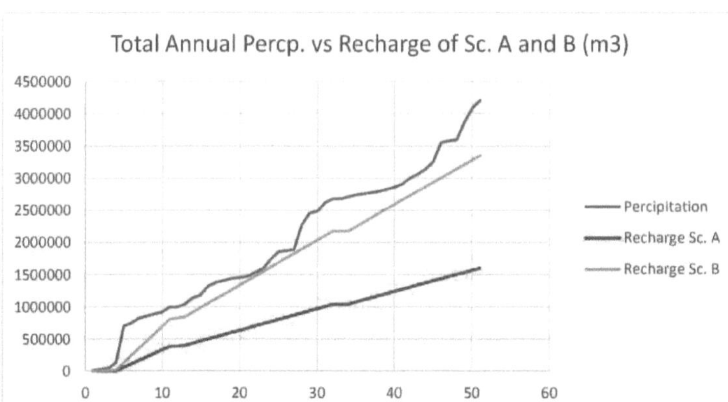

B: Fotografias tiradas para a área de estudo

8- I: Fotografias da estrada principal de transportes que liga o Sinai à cidade de Nuwaiba.

B- II: Fotografias das espécies de vegetação dominantes em Wadi Watir.

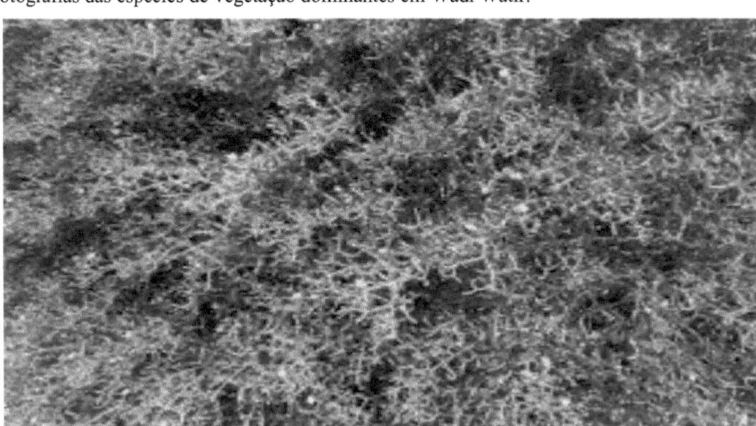

B- III: Fotografias da extração de água subterrânea para fins de consumo

MIX
Papier aus verantwortungsvollen Quellen
Paper from responsible sources
FSC® C105338

Printed by Books on Demand GmbH, Norderstedt / Germany